国家自然科学基金资助项目(51605480,11302249)

DAODAN GOUJIAN SHIXIAOWULI YU KEKAOXING FENXI

导弹构件失效物理与可靠性分析

常新龙　胡　宽　张晓军　刘万雷　著

西北工业大学出版社

【内容简介】 本书以导弹构件贮存可靠性与寿命评估为应用背景,全面阐述失效物理的基本概念、可靠性计算方法及在导弹武器中的应用。主要内容包括失效物理基本概念;导弹结构材料、应力与失效;导弹构件失效物理模型及常用分布;基于应力-强度干涉模型的可靠度计算;基于应力-强度-时间模型的可靠度计算;导弹金属构件断裂失效分析及可靠度计算;导弹贮存中的应力腐蚀及可靠性计算以及导弹非金属材料老化及可靠度计算等。

本书部分内容结合了作者近年来相关科研成果,适用于从事导弹武器装备研制、质量控制、使用管理等方面的技术人员阅读,也可作为高等院校相关专业的研究生教材。

图书在版编目(CIP)数据

导弹构件失效物理与可靠性分析/常新龙等著 . —西安:西北工业大学出版社,2016.8
ISBN 978 - 7 - 5612 - 5040 - 2

Ⅰ.①导… Ⅱ.①常… Ⅲ.①导弹—构件—失效物理 Ⅳ.①TJ76

中国版本图书馆 CIP 数据核字(2016)第 209572 号

策划编辑:华一瑾
责任编辑:卢颖慧

出版发行:西北工业大学出版社
通信地址:西安市友谊西路 127 号　　邮编:710072
电　　话:(029)88493844　88491757
网　　址:www.nwpup.com
印　刷　者:陕西金德佳印务有限公司
开　　本:787 mm×1 092 mm　　1/16
印　　张:10.625
字　　数:254 千字
版　　次:2016 年 8 月第 1 版　2016 年 8 月第 1 次印刷
定　　价:38.00 元

前　言

传统的可靠性概率统计方法,在实践中解决了很多重要产品的可靠性问题。但是,实践表明,基于数理统计的方法是一种宏观的分析方法,还不能准确反映产品失效或发生故障的本质。对于具体导弹构件来说,解决可靠性问题不能只是失效子样的统计,关键是研究构件失效的变化过程和质量劣化的演变规律,特别是应研究掌握构件失效前所处的物理状态和失效时机,从而把握构件的贮存使用寿命,推断可靠性随时间的变化历程,为构件乃至全导弹系统提供可靠寿命信息,预测服、退役时机。

失效物理又称可靠性物理,是可靠性工程的一个重要领域,也是可靠性技术的一个新发展阶段。它从可靠性技术的数理统计方法发展到以理化分析为基础的分析方法,是从产品的本质上探究其不可靠因素,分析解释环境对材料变化的关系,寻找失效的物理的、化学的和机械力的原因,从而对导弹构件和材料的改良、设计中的可靠性增长、贮存使用中的环境优化以及维修管理中的方法改进提供依据和保证。因此,失效物理是物理学和可靠性相结合的新学科。

本书以导弹构件贮存可靠性与寿命评估为应用背景,结合笔者近十年来应用失效物理技术在导弹武器可靠性工程、贮存延寿工程及环境适应性等领域的研究成果,全面阐述失效物理的基本概念、可靠性计算方法及在导弹武器中的应用。主要内容包括失效物理基本概念;导弹结构材料、应力与失效;导弹构件失效物理模型及常用分布;基于应力-强度干涉模型的可靠度计算;基于应力-强度-时间模型的可靠度计算;导弹金属构件断裂失效分析及可靠度计算;导弹贮存中的应力腐蚀及可靠度计算以及导弹非金属材料老化及可靠度计算等。

本书由常新龙主持编写,共分8章。编写分工:第1～3章由常新龙编写;第4章和第5章由胡宽编写;第6章和第8章由张晓军编写;第7章由刘万雷编写。

在编写本书过程中得到了火箭军工程大学许多同行专家、教授以及研究生的大力帮助,在此表示感谢。同时,本书也参考了部分兄弟院校和国内外的文献资料,在此对其作者表示诚挚的谢意。

本书的出版及所涉及的研究成果得到国家自然科学基金资助项目(项目编号:11302249、51605480)的支持,在此一并表示感谢。

本书的内容涉及范围较广,由于笔者水平有限,以及所研究工作的局限性,书中难免有不完善之处,恳请读者批评指正。

著　者

2016 年 3 月

目　　录

第1章 失效物理基本概念

1.1 失效物理概述

1.1.1 失效与失效物理的含义

产品丧失规定的功能,通常叫失效。对可修复的产品,如无线电整机和某些机电组件,也可使用"故障"这一名词。为叙述方便,本书统称为"失效"。

产品的失效,不仅指致命性的破坏或完全丧失功能,亦指功能、特性降低到不能满足规定的要求。因此,判断产品的失效就必须首先确定其失效判别标准(亦叫失效判据)。标准不明确,会造成生产检验上、供需方验收上及维修服务等方面的混乱和分歧。

导致产品失效的原因是多种多样的,例如:零部件本身的缺陷;系统、电路设计不当或装配欠佳;人为使用不当与差错。但无论何种原因,都有一个共同点,即来自环境条件、工作条件的能量积累,一旦超过某个限度,产品便开始劣化直至失效。这种劣化的诱因——环境条件、工作条件等,一般称为应力,应力只是诱因。产品总是经过一段时间的演变后才失效,因此,时间的因素亦不可忽视。

上述应力和时间是产生失效的外因。而失效的内因,亦即导致发生失效的物理、化学或机械的过程,则称为失效机理。失效机理是从原子或分子学观点来阐明与失效有关的物理、化学过程。产品失效的形式、形态、现象,称为失效模式。如果拿疾病来做比喻,失效模式相当于基本病症,而失效机理则相当于病理。研究失效机理的科学称为失效物理学,简称失效物理,或称可靠性物理。

1.1.2 失效物理的研究内容与方法

一、失效物理的主要研究内容

可靠性工作的目的不仅是为了评价产品的可靠性,更重要的是为了提高产品的可靠性水平。可靠性物理是从原子和分子的运动规律出发,解释材料和元器件的失效现象,以便为其改进、设计、评价与使用,结构的组成、设计、使用与维护,以及环境、负荷的控制提供依据。失效物理是"物理+化学+工程学"的基础技术学科,它随着微电子技术、传感器与测试技术、计算机技术的发展和材料工程、控制工程学学科的交叉渗透,而不断得到丰富、发展和完善。

20世纪60年代以来,国内外广泛深入地开展了不同材料和构件的失效物理研究,即开展失效模式及其机理分析(简称失效分析)。研究失效物理的根本目的在于提高产品的可靠性。失效物理研究的内容大致如下:

(1)研究产品发生失效的场所、阶段、应力、时间、参数变化等(外部观测性分析)。

(2)找出失效的真实因子、效应过程及其关联症状(内部微观观察)。

（3）通过统计分析与物理分析，确定失效模型，明确失效机理。

（4）将失效分析结果反馈到与产品失效有关的阶段（如设计、制造、试验、贮运、使用、维修等），促使有关部门应用此分析结果改进产品。

具体来说，失效分析结果可用于：

1）为改进产品的设计、工艺、用料、管理等提供第一手参考资料；

2）为拟定产品的工艺质量控制和可靠性控制（包括检验、筛选、加速试验、非破坏性检测等）提供依据；

3）为规定产品的使用条件提供依据；

4）为系统的可靠性设计、可靠性预计、故障效应分析等提供依据；

5）促进新产品、新材料、新工艺、新技术的开发。

二、产品失效分类

根据不同的划分标准，产品的失效分类有多种多样，本书以常见的产品失效进行分类。如按失效发生的场合划分，可分为试验失效、现场失效（或运行失效）等；按失效的程度可分为完全失效和局部失效，或者称严重（或致命）失效和轻度失效；按失效前功能或参数变化的性质可分为突然失效和退化失效；按失效排除的性质可分为稳定失效（或称坏死）和间歇失效；按失效的外部表现可分为明显失效和隐蔽失效；按失效发生的起因，可分为设计上的失效、工艺上的失效和使用上的失效；按失效的起源可分为自然失效和人为失效；按同其他失效的关系，可分为独立失效和从属失效（或二次失效）；而按失效浴盆曲线上不同阶段分，又可分为早期失效、偶然（或随机）失效、耗损（或老化）失效；等等。

较常用的失效类型名词有现场失效、致命失效、退化失效、间歇失效、人为失效、从属失效、早期失效、偶然失效和耗损失效等。

现场失效系指产品在现场使用或运行条件下发生的失效。

致命失效系指产品发生诸如开路、短路等以致根本无法工作的完全失效，或指产品的一个或数个基本参数突然改变以致无法工作之类的失效。

退化失效系指产品的一个或数个基本参数逐渐发生退化性变化直至达不到规定要求而失效，诸如半导体器件的电流增益、反向漏电的超差、金属化互连的腐蚀或电迁移等。

间歇失效系指产品在试验或使用过程中呈现时好时坏之类的失效。例如，在半导体器件的金-铝互连系统中，当形成金属间化合物而接触不良时，或由于封装欠佳而引起接触时断时通的现象，都是一种间歇失效；又如，管壳内混有不固定的导电微粒，振动时可能会引起瞬间短路；此外，某些元器件表面沾污引起的瞬时短、断路，以及一般的虚焊，也可引起间歇失效。

人为失效系指由于人为的误用、误操作所引起的产品失效。

从属失效系指系统中因某一零部件失效而引起其他相关联零部件的失效。例如，某一电容器本身工作时没有失效，但因电路中其他部分故障而引起加在电容器两端的电压大大超过其额定值以致被击穿损坏，电容器的这种失效即为从属失效。为此，对系统的关键部位，应在线路设计上采用预防保护措施。

早期失效系指产品由于设计、制造上的缺陷等原因，导致其在开始工作后的较短时间内就发生的失效。电子元器件和整机一般都有一个早期失效期，出厂前如能进行某些有针对性的筛选、老炼,则早期失效现象可以大为减少。

偶然失效系指产品由于偶然(随机)的因素而发生的失效。经过早期失效期后产品进入偶然失效期(亦即正常工作寿命期),与早期失效期的失效率相比,偶然失效期的失效率较低,且接近于常数。耗损(老化)失效系指产品由于老化、疲劳、磨损等原因引起的失效。经过较长的偶然失效期后,产品进入使用的后期,即耗损失效期,在这时期,失效率随时间推移而迅速增加。

三、失效物理分析方法

失效物理一般分两个环节,即失效分析和建立失效物理模型。

1. 失效分析

产品的失效是人们所不希望的,在科研生产活动中,人们矢志不渝地与产品的失效做斗争。失效分析就是向失效现象做斗争的必要手段,通过分析产品的失效原因并提出对策可以防止再发生失效。因此,失效分析是一种技术活动,也是一种管理活动。

可靠性技术以失效研究为对象。在可靠性工程中,失效分析及相应的纠正措施对保证产品可靠性的贡献最为突出,据美国宇航公司统计,失效分析及相应的纠正措施在可靠性保证中所起的作用,占全部措施总和的 30%。失效分析如此重要是不难理解的。在复杂的导弹和宇航设备研制中,由于系统的复杂性和新型号的多样性,必然会使用大量新型材料和新型元器件,其中许多是新研制出来而未经使用考验的产品。这些"新"就意味着很多薄弱环节和潜在失效因素未经过暴露过程。要找出其薄弱环节或失效因素,其途径有两条:一是在产品长期的使用中经现场使用发现其失效情况;二是经试验、分析来预测其隐患和薄弱环节。在实际的导弹研制使用中,两条途径都很重要,而两条途径中,都必须对失效(故障)残骸上的各种信息进行分析,找出其失效的机制成因,并采取防止失效的对策,这就是失效分析的重要作用。

失效分析的方法主要是采用统计推断的思路建立失效物理–化学模型和数学模型,并取得验证。具体方法包括以下几点:

(1)按失效模式和失效机理发生频率的直方图法、主次图法;

(2)按退化前后参数相关项,确定退化因子的相关分析法;

(3)寻找特性值及其退化量与寿命关系的回归分析法;

(4)根据影响寿命的多因素,研究加速性的方差分析法;

(5)根据特定失效模式发生时间的寿命分布分析法等。

2. 建立失效物理模型

可靠性物理是应可靠性工程需要而产生的,因而具有鲜明的工程性。如前所述,它实现从微观的角度入手来研究元件、材料的失效机制成因,而得出宏观的可靠性指标。从微观到宏观怎样联系呢? 分析这个问题,首先需要从微观研究中所得到的对失效过程的描述,上升为定量的规律。这种规律就被称为可靠性物理模型。

从可靠性角度把产品的质量发生变化的物理过程综合起来,归纳到数学模型中去,这样的数学模型既考虑了产品的劣化过程,又考虑了产品的失效问题。这种归纳过程就是建立可靠性物理模型的过程。可靠性指标是由概率来推断的,因此,沟通材料失效的内在微观世界规律与外在宏观性能之间的关系,就必须利用概率统计的方法。这是能够做到的,因为由微观的物理过程导致材料失效的宏观过程,在时域和空域上都是随机的过程。也就是说,材料劣化的微观过程与材料失效的宏观统计规律之间有其必然联系。因此,所谓"失效物理模型",必然是能反映材料的失效物理模型规律和概率数理统计规律的数学表达式。其主要思路是应用物理-化学定律建立失效物理-化学模型和数学模型,并进行验证。具体方法包括:

(1)破坏分析法。即直接分析法,包括:①亚微观分析法。该方法以原子、分子结构为研究对象,如研究原子扩散。②微观分析法。该方法以晶粒、晶界结构为研究对象,如研究晶间腐蚀。③准宏观分析法。该方法以零件、材料的表面层或应力-应变状态为研究对象,如研究疲劳裂纹等。

(2)非破坏性分析法。采用全息干涉摄影、声发射等物理检测方法的间接分析方法。

1.1.3　失效物理发展简史

在20世纪50年代可靠性技术发展初期,产品的统计试验得到注重,以此来定量地掌握产品的可靠度。这种试验本身并不能提高产品的固有可靠性。到了50年代后期,由于空间技术的迅速发展,复杂的电子系统要求具有很高的可靠性,这就迫使人们要从根本上迅速提高电子产品的固有可靠性。这样,在研制及生产产品时,为缩短试验时间和减少样品数量,创立了许多模拟的加速试验、筛选试验方法,并对其中的失效产品进行机理分析,以求在设计、生产工艺、材料等方面加以改进,提高其可靠度。60年代前后,半导体器件发展很快,未知的失效原因很多,且与物理关系甚为密切,"失效物理学"应运而生。美国"民兵-Ⅱ"导弹发展计划及此后的"阿波罗"登月计划是可靠性技术、可靠性物理、可靠性管理的首次大演习。可靠性物理由此得到了大发展,从而开创了可靠性技术发展的新阶段。

失效物理专家开始主要是从事元器件设计、生产技术的研究。由于失效机理分析涉及材料学、物理学、化学、冶金学等专业,并要广泛应用理化分析仪器,因此,现阶段分析技术专家的知识面已大大增加。失效物理学已成为一门新兴的边缘学科。

1962年9月,美国空军下属的罗姆空间发展中心(RADC-USAF)和美国伊利诺伊州立工学院联合召开了第一届"电子学失效物理讨论会",与会者350人。会上罗姆中心人员介绍了他们在可靠性和失效物理方面的研究规划,这大概就是"失效物理"作为一门新学科首次被正式提出。1965年第四届讨论年会上就有美国以外的学者参加,并开始用先进的分析设备来做失效分析。

从1967年的第六届讨论年会起,年会由美国电气与电子工程师协会(IEEE)的电子器件分会与可靠性分会主办,每年举行一次,并更名为"国际可靠性物理讨论会",出版年会论文集。从每年年会发表的论文内容来看,该讨论会的重点是半导体器件,尤其是大规模集成电路的失效分析;除对失效机理的探索外,趋于转向研究产品的可靠性设计及新的分析技术。

美国还有一个"失效分析先进技术年会"(ATFA),1975年的第一届年会是由IEEE的洛杉矶分会和国际金相学会联合主办的。自1980年起更名为"国际失效分析与试验年会"(ISTFA)。主要内容是新的分析技术在电子元器件研究中的应用。

与其他的可靠性技术一样,这个在美国首先创立和发展起来的失效物理学,很快就在世界各国得到发展。自1962年以来,国际上失效物理的研究异常活跃,且不断有所创新,例如失效物理模型、故障预测技术等。在交流利用成果上,除各种学术会议外,各国的可靠性数据交换中心都收集了各种电子产品的失效模式和频度等资料,并在出版的数据集中列出。

失效物理分析方法对于高可靠元器件的设计、改进以及筛选试验方法的研究大有用处。尤其是可靠性技术发展到今天的可靠性保证阶段,失效物理的研究成果已经被应用到系统设计、可靠性与质量保证体系中。

我国自 20 世纪 60 年代初建立电子产品可靠性专业研究所以来,一方面报道和引进了国际上先进的可靠性技术(包括失效物理),另一方面对国产的电子产品进行了大量的可靠性试验研究工作。70 年代起,在科学院系统,各工业部门的厂、所及高等院校先后配备了较先进的分析设备,逐步开展了失效机理的分析研究工作。1979 年,中国电子学会成立了可靠性与质量管理专业学会,该学会设立了可靠性物理学组,以促进和开展可靠性物理方面的研究和技术交流。由于国家工业基础和资金的限制,目前我国的分析设备(数量、种类和分布)尚远不够,分析研究人员数量不足,水平尚待提高;地区性、专业性的分析中心尚未完善,这些都有待进一步发展。

1.2　失效物理与可靠性工程

失效物理,是可靠性工程的一个重要领域,是可靠性技术的一个新发展阶段。它从可靠性技术的数理统计方法发展到以理化分析为基础的分析方法,是从产品的本质上探究其不可靠因素,从而为研制和生产乃至贮存使用提供科学信息依据;它是物理学和可靠性相结合的新学科,是一种“物理＋工程”的基础技术,是对可靠性工程起支柱作用的一项技术。

可靠性概率统计方法的充分发展,为解决产品可靠性问题提供了可能。但是,实践表明,可靠性的数理统计方法是一种宏观的分析方法,还不能准确反映产品失效或发生故障的本质。对于具体导弹构件来说,解决可靠性问题不能只是进行失效子样的统计,关键是研究构件失效的变化过程和质量劣化的演变规律,特别是应研究掌握构件失效前所处的物理状态和失效时机,从而把握构件的贮存使用寿命,推断可靠性随时间的变化历程,为构件乃至全导弹系统提供可靠寿命信息、预测服退役时机。可见,失效物理方法的重要性是不言而喻的。

可靠性的数学统计方法,在实践中解决了很多重要产品的可靠性问题。但是,这种方法往往需要大量子样的失效统计,由于子样量较大,所以试验或现场必须有大量失效样本作为数据基础。这样一来,花费的时间经费就会很多。而失效物理方法则可用少量子样进行理化分析,从物理化学规律上得到失效信息,不需要进行大批量的失效数据的子样统计。因此,有人称失效物理方法是省时、省钱和省力的方法。

可靠性的概率统计方法已经有了充分的发展,并已经提供了广泛的解决实践中各种问题的可能性。在概率论和数理统计理论等基础上,已经建立了用于可靠性计算的数学方法——可靠性数学。但是,对于具体产品来说,解决可靠性问题不能只是故障统计,关键是必须研究引起产品质量发生变化的物理过程。这些物理过程服从某种物理规律并具有随机性质,存在着相互作用,并且与产品输出参数又有着极其复杂的关系。从可靠性的角度,把产品的质量发生变化的物理过程集中起来,归纳到数学模型中,这种数学模型既考虑了故障,又考虑了产品的物理变化过程,因此是最能反映产品失效本质的数学模型。

1.2.1 可靠性工程的产生与发展

在第二次世界大战中,美国在远东使用的电子设备,有许多在运输和保管中即已损坏,半数以上无法使用,或者在使用中很容易出故障,可靠性工程的研究就是由此开始的。1943年至1950年间,美国对设备中失效频数最高、被视为设备故障祸根的电子管,曾倾注了很大的努力去追查其失效原因并寻求改善的方法,从而制造出了"高可靠电子管"。但是研究结果发现,对于提高设备的可靠性来说,仅仅改进其中部分元器件是无济于事的。人们逐渐认识到,为了确保(系统的)可靠性,还必须对整个系统作全面的考察,必须从研制之初就进行可靠性的设计,把可靠性指标"纳入"产品之中。

在这一认识的基础上,美国进行了许多研究工作,其中最有权威性的综合研究,就是美国国防部"电子设备可靠性顾问团"(AGREE)于1952年开始进行的研究工作。该顾问团分成九个小组来研究可靠性工程中的基本问题,并于1957年6月出版了其研究报告。在这份研究报告中,叙述了设备(系统)的可靠度与构成该设备(系统)的元、部件的可靠度之间的关系,设备(系统)可靠度的时间量度MTBF(即平均故障间隔,各故障间的平均间隔就是无故障的平均时间;而对于随机故障来说,如后文所述,MTBF的倒数即等于失效率)的测量方法和保证方法等基本方法,从而为之后美国可靠性工程学的发展指明了方向。这一研究成果已具体反映在美国军用标准中。

可靠性,就是表示"系统、设备、元件等,其功能在时间上的稳定性的程度或性质",它是产品的时间质量的抽象化;进一步对系统或硬件的可靠性作定量的描述,就成为可靠度(reliability)。

可靠性的定义:"系统、设备、元件等在规定的条件和所要求的时间内完成规定功能的概率"。也就是说,可靠性就是产品在规定的使用条件、环境条件下和所要求的时间内(包括距离、动作次数等)处于无故障地正常工作的概率。这里,所谓"故障",就是指"失去规定的功能"。然而,对于复杂的系统来说,硬件的故障并不会马上造成系统的故障,而是由于一定程度的人为差错、管理差错及软件故障才引起系统的故障。要提高系统和硬件的可靠性,简言之,就是要在规定的使用、环境条件下和规定的时间内使其"不发生故障"。

但是,随着近年来对系统、硬件的性能要求越来越高、越来越复杂,要想像过去那样把安全系数设计得超出必要的限度是不允许的了,而应该从经济和技术的角度都作出合理的设计。像飞机、铁路新干线以及高层建筑等,若要求安全系数做得绰绰有余,便不能以合理的成本费用来实现所要求的功能。构成系统、硬件的元件数正变得越来越多、越来越复杂;技术又是日新月异地向前发展,使得过去的数据不能照搬使用。此外,在使用和环境条件方面,加在产品上的应力也更加严酷、更加多样化。比如我们身边的电子产品,由十多年前的收音机到现在的立体声设备,从黑白电视机到彩色电视机,在这当中,元件数已从10^2的数量级剧增到10^3,而汽车、喷气式飞机、阿波罗宇宙飞船、电子计算机等使用的电子元件数,则分别跃升到10^4、10^5、10^6及$10^5 \sim 10^6$的数量级。在环境条件方面,电子产品往往要在宇宙空间及火箭飞行等的高温、低温、高真空等极端条件下使用。此外,所要求的寿命保证时间也越来越长,例如要求

5～10 年。由于系统的故障数是随元件数、应力、使用时间而增加的,因此就给可靠性的提高带来了困难。

1.2.2　失效物理在提高可靠性方面的作用

为了与设备、系统的复杂化、高性能化相适应,并且要用有限的费用和时间来满足对可靠性的要求,需要采用失效物理方法对产品进行分析。

从系统(设备)制造到成品最后报废(其经验又必定为下一代改型产品提供借鉴)的整个寿命周期,系统(设备)的所有技术和数据资料都应综合地反映到其可靠性计划中去。必须明确对产品的可靠性要求,并在产品的研究、设计、制造、试验、使用和维护等各个阶段,有组织、系统地推进可靠性计划的实施。对于在使用和试验等阶段中所得到的数据资料,必须从技术以及统计角度出发进行分析,并进一步加以整理综合,然后尽快且有效地反馈到产品的研究、设计、制造、维护、试验等方面去。这项工作是在折中考虑成本费用和其他质量的基础上实现产品可靠性的唯一方法。可靠性技术本身是综合性的,属于系统工程的范畴。所以,必然要求可靠性机构应能维持经常性的活动。

系统的故障是随采用的器件数、所受的应力和时间而增加的,要提高系统的可靠性,需要从以下几个方面着手。

1. 提高元件(部件)的可靠性

要提高设备、系统内元件、材料本身的可靠性,就是要设法降低这些元件、材料的失效率,延长它们的固有寿命,研究保证固有寿命的方法。

劣化机理、缺陷(这是导致产品失效的原因)的检测和剔除技术、寿命预计、旨在减小应力影响的设计等就是通过失效物理方法来提高产品可靠性的途径。在电子工业方面,前面说到的提高电子管可靠性的措施(其结果就是制造出高可靠电子管)就是对现成产品进行改进的例子,而对其后的晶体管、集成电路的劣化机理开展研究,就是设法提高新品的可靠性并进而为新的物理学和新技术打开新局面的具体例子。

2. 系统的高可靠性设计

从系统整体来看,若只是在提高元件的可靠性上下功夫未必一定有效。对于失效率已达 $10^{-9}/h$ 甚至 $10^{-10}/h$ 的高可靠元件来说,想进一步提高其可靠性绝非易事。而且对于系统的故障来说,有时元件本身的质量虽然符合规定要求,但设计上规定的使用方法却不合理;有时虽然设备是完好的,但配置不当,容易被损坏,或操作时容易产生差错。由于这类人为因素而导致软件产生故障的情况,往往多得出人意料。

因此,为提高系统的可靠性,与其从改善元件、材料的质量上入手,还不如在设备、系统的使用环境上、结构上和系统设计上多下功夫,设法减少系统的故障,延长系统的寿命。

例如,可以在设计时多考虑一下系统结构的安全余量,设法减轻系统使用时所受的应力,或者在减额状态下使用元件(电子元件在低于额定的条件下使用叫作减额);对于容易出故障的地方,可以采用贮备设计;另外,还可以在"人机工程"方面下功夫采取一些合理措施;等等。以上这些方法都是较为有效的。即使元件本身未被改进,但如果知道它的失效原因,并掌握它的退化程度,那么就可以在系统的设计阶段预见环境因素和时间对失效及退化量的影响,从而设法减轻应力或采取贮备设计等方法。为此,必须了解在使用条件和环境应力不变时元件性能随时间变化的情况,并以此作为系统设计的依据。而如何获得这种信息,便是失效物理的重要研究范畴。

3. 系统的维修性设计和工作有效度

前面两点是考虑尽量使系统、设备"无故障"的方法。但是,通常比较复杂的、要求长期使用的系统或设备,并不是发生故障后就马上抛弃的,多数是在故障发生前即实行预防性维修,而在故障发生以后,则采取更换故障品的维修办法,从而使系统、设备一边工作,一边修理。对于一边使用、一边更换故障品的系统、装置,也不单纯是采用更换故障品这种事后维修的方式,而且还要通过预防性维修,减缓故障率(更换率)的增长,尽量设法延长产品的耐用(有效)寿命,努力使失效率在预定的使用寿命期内维持在较低的水平上。

对于广义的可靠性来说,除了单纯的"使产品无故障"这种狭义的可靠性内容之外,还包括"出现故障或工作不正常时即行修理"这样一种维修性的内容。也就是说,可靠性和维修性这两者结合起来,就能"使整个系统或设备处于满意的状态"。用概率来表示广义的可靠性,就叫作有效度;用概率来表示维修性,就叫作维修度。维修度的定义是:"可以修复的系统、设备或元件,在规定的条件下和规定的时间内完成维修的概率。"换句话说,它是表示产品从发生故障的时间算起到某一时间止,其可能修复的比率。

通过维修来提高系统可靠性这项工作,乍一看来好像与失效物理无关,但实际决非如此。由于故障发生的部位及其模式不同,其解决措施(如故障检测方法、修理、储备设计等)也各不相同。如果没有这方面的知识,就不可能进行合理的维修。比如,对于失效率随时间而减少的元件(称其失效率为减少型失效率)和失效率随时间而保持恒定的元件(称其失效率为恒定失效率),预防性维修是无意义的;只是对于失效率随时间而上升的元件(称其失效率为增加性失效率),这种预防性维修才是有效的。此外,随着系统的复杂化,不断研究新的故障(失效)检测装置、显示装置等,也属于失效物理的范畴。有时,为了要特别强调维修性,也有"维修性物理"这一提法。

综上所述,提高系统整体可靠性的方法有两个方面:①元件、材料本身的高可靠性(如上文1.项所述);②系统的高可靠性(见上文2.项的可靠性与3.项的维修性)。失效物理就是经济而有效地实现以上两个目的所不可缺少的基础技术。此外,若通过1.项能有效地减少材料本身的失效,就会带来很多好处,例如,对于2.项的系统设计来说,就可以减少元件的数量(重量);又例如,对于要求高速、高性能和体积大的船舶、飞机、火箭发动机等来说,若能制出既能满足以上要求又能经久耐用的新材料、新元件的话,那么其效果就会马上显现出来。但是,这却孕育着一个矛盾:由于是新元件和新材料,就不能照搬硬套过去的数据,所以要在有限的时间内,以有限的费用来对其可靠性作出评价则是困难的。假如通过失效物理分析方法,能获得有关不断创新的元件、材料的可靠性预测数据,获得有关其失效机理方面的数据,那么自然就能解决这一问题。

将上述问题再从时间和数量这两方面加以分析便得到表1-1所示结果。由于现代设备(系统)复杂性增加、对其性能的要求增高以及技术的飞速发展,对可靠性的要求也日渐提高。为此,失效物理就越发显得重要了。

　　包括"人机系统"在内,随着系统的复杂化和体积的增大,势必产生对元件增加的限制,并进一步要求元件、材料本身的高可靠和系统的高可靠。另外,就时间性而言,也产生这样的问题:由于技术的飞速发展,使得过去的数据不能沿用,可靠性的保证方法也赶不上研制的速度。再者,随着对系统功能的要求日益严格,也进一步要求产品能耐受多种应力的作用,具有良好的环境适应性、安全性,且体积小、质量轻等,但又适于大批量生产。这样,又将加速新产品的研制进程。表 1 - 1 的右侧,是应用失效物理方法解决元件数量和满足时间要求这两方面的示例。

表 1 - 1　失效物理方法的重要性

对可靠性的压力			失效物理方法示例
1)复杂性; 2)对性能的高要求; 3)技术发展的速度	1)元件数量的限制; 2)时间上的限制; 3)成本的限制	1)要求不损坏、不发生失效、具有耐用性和安全性; 　2)要求系统进行高可靠性设计; 　3)要求维护性良好; 　4)时间的限制:过去的数据不能使用	可用于失效机理与应力关系的分析、改良和预测; 　失效的检测技术; 　失效影响分析; 　针对劣化方式而采取的维护措施; 　加速寿命试验; 　筛选; 　稳定性措施; 　各种失效机理的总失效率

1.3　失效物理在导弹武器中的应用

　　在导弹武器系统中,其任何设备和构件的失效(故障)都是由其外界环境的影响和内在因素的变化而造成的。失效物理就是从构件材料的原子和分子角度出发,分析解释环境对材料性能的影响,探索材料失效的物理、化学和机械力的变化过程,揭示材料性能的变化规律,并通过对导弹构件和材料的改良、设计中的可靠性增长、贮存使用中的环境优化以及维修管理中的方法改进,从而提高导弹武器系统的可靠性。

　　提高导弹武器系统的可靠性,一是从改善其元件和材料的质量入手,二是从系统的使用环境上和设计上下功夫。失效物理就是经济而有效地实现上述两种方法的途径。一种新型号高性能的导弹,其设计必须采用很多的性能优良的新材料,而不能全部照搬旧型号的构件和材料。只有通过失效物理分析,才能获得不断创新的构件和材料的可靠性预测数据,没有这些失效分析数据,新的高性能的导弹就不会诞生。同样,没有进行环境因素对新型高性能导弹的失效影响分析,这种导弹的贮存、使用乃至退役报废,也就没有依据。这种盲目性不但会使新型号导弹装备失去高性能的意义,反而会降低其贮存使用可靠性。下面介绍失效物理方法在导弹武器系统中的几种应用情况。

　　1. 在导弹可靠性设计中的应用

　　在失效物理研究中提出的数据,就其包含的信息内涵而言,要比向用户调查或外场调查、

各种检验或验收试验所提供的内容丰富,例如不仅可提供平均失效率、平均无故障工作时间、平均修复时间等,而且可以提供:

(1)各种材料及元器件在不同环境、不同工作条件的失效率。

(2)各种不同故障模式及失效机理发生的频数与频率;状态或状态有关的参数随时间变化的规律及失效的后果。

(3)各种失效机理的发生、发展、相互间影响到的直接观察结果。利用可靠性物理研究的成果,可以提供电子元器件、机械元器件的降额系数和环境系数,以便进行可靠性预测。例如,导弹液体发动机燃烧室的身部采用波纹板钎焊夹层结构,在地面试车中多次出现发动机内壁撕裂、鼓气的失效事件。失效分析表明,失效是由于高温腐蚀性介质使钎焊焊缝受到腐蚀引起的。根据这种分析改变了结构设计,问题得到彻底解决。在导弹设计和试制阶段,此类失效分析而使试制得到成功的事例是很多的。

(4)按照失效机理的串联模式,对新设计、新结构的元器件或设备进行可靠性预计。

(5)按照状态参数的时间变化规律提供筛选的方法。

(6)按照失效机理的物理模型,提供加速试验方法。

(7)产品改型时,为选择材料、典型结构与元器件提供依据。如某导弹贮存箱底曾出现过贮存裂纹,在部队的贮存使用中成为至关重要的问题。曾有人认为该种铝合金材料不适于作贮箱用,认为它对应力腐蚀太敏感。经失效分析表明,贮存裂纹系由焊接所致,后来改进了焊接规范、焊料和焊缝边缘的构造,问题得到解决。

例如某型姿态控制发动机的喷注器多次发现漏火现象,曾提出过很多疑问,并根据疑问进行更改均未奏效。后来经对失效残骸进行分析发现,漏火系不锈钢中发纹所致,经采用无发纹不锈钢后,问题即获解决。

2. 在导弹质量控制中的应用

在影响产品固有的可靠性的因素中,设计约占 67%,工艺约占 33%。在改善工艺加强质量控制后,产品可靠性功能往往有很大的提升。在不同工艺条件下进行可靠性物理研究,可以得出各种工艺因素对产品可靠性的影响。

每种可靠性试验都有各自的特定要求,失效分析在选取试验方法上起着重要作用。例如某导弹的高压波纹管曾出现过疲劳损伤,为了提高其可靠性曾确定采用疲劳筛选方法以剔除劣品。实践证明这种方法消耗了一部分波纹管,但并没有改善其可靠性。失效分析表明,疲劳模式不适于这种波纹管的失效问题,而稳定和改善批次质量并采取样本抽验才控制了波纹管的质量水平。

3. 在导弹维修及延寿工程中的应用

维修方式的选择依据就是失效模式、影响及致命分析,因此可靠性物理研究为正确选择维修方式及制定维修方案打下了基础。在可靠性物理研究中,采取的一些物理化学检测手段,又可作为视情维修或状态监控的手段,维修性物理是与可靠性物理密切相关的学科。如某次导弹发射,地面电源大功率调整管击穿短路,并将弹上放大器烧毁。分析表明,功率管的失效是偶然性质低劣,更换后不会出现同样故障,从而为决策提供了依据。

导弹贮存到一定的时间,某些构件即失效。失效期限和贮存环境及贮存方法有直接关系。

不断研究构件材料失效的机理,可提供导弹贮存中的环境优化及方法上的优化,特别是在导弹达到设计寿命期后,可根据失效机理等信息有针对性地对导弹更换薄弱部件,以延长导弹的使用寿命。这种导弹延寿工作,世界各国都很重视。

第2章 导弹结构材料、应力与失效

2.1 导弹材料概述

航空航天材料是一类非常特殊的材料,它与军事应用密切相关。与此同时,航空航天材料的进步又对现代工业产生了深远的影响。推动航空航天领域新材料新工艺的发展,能够引领和带动相关技术进步和产业发展,衍生出更为广泛的、军民两用的新材料和新工艺。

航空航天材料既是研制生产航空航天产品的物质保障,又是推动航空航天产品更新换代的技术基础。从材料本身的性质划分,航空航天材料分为金属材料、无机非金属材料、高分子材料和先进复合材料4大类;按使用功能,又可分为结构材料和功能材料2大类。对于结构材料而言,最关键的要求是质轻、高强和高温耐蚀;功能材料则包括微电子和光电子材料、传感器敏感元材料、功能陶瓷材料、光纤材料、信息显示与存储材料、隐身材料以及智能材料。

对于航空材料来说,包括3大类材料,即飞机机体材料、发动机材料、机载设备材料。而航天材料则包括运载火箭箭体材料、火箭发动机材料、航天飞行器材料、航天功能材料等。

具体到材料的层面,航空航天材料涉及范围较广,包括铝合金、钛合金、镁合金等轻合金,超高强度钢,高温钛合金、镍基高温合金、金属间化合物(钛铝系、铌铝系、钼硅系)、难熔金属及其合金等高温金属结构材料,玻璃纤维、碳纤维、芳酰胺纤维、芳杂环纤维、超高分子量聚乙烯纤维等复合材料,先进金属基及无机非金属基复合材料,先进金属间化合物基复合材料,先进陶瓷材料,先进碳/碳复合材料以及先进功能材料。

在导弹中常用的材料有以下几种。

1. 铝合金

航空航天结构材料应用构成比例预测表明,21世纪初期占主导地位的材料是铝合金。开发航空航天技术用铝合金时首先要解决的课题,是如何在保证高使用可靠性及良好工艺性的前提下减轻结构质量。亟待解决的问题是开发具有良好焊接性能的高强铝合金,并将其用于制造整体焊接结构。

在液体导弹贮箱中使用最多的铝合金是LD10,该种铝合金具有以下优点:较高的比强度,包括瞬时、高低温性能;与推进剂是相容的;工艺性能好,包括冲压成型、锻铸、机加、焊接等。

导弹用LD10铝合金属于铝-镁-硅-铜系合金,该系合金是在铝-镁-硅系的基础上发展起来的。该系合金中,最早出现的是51S(镁0.6%,硅0.9%)。Mg_2Si是主要强化相。该合金在淬火后,不立即时效,停留一段时间,会降低人工时效效果。为补偿这种损失,加入0.2%~0.6%铜和0.15%~0.35%锰(或铬)就成为LD2,加入1.8%~2.6%铜,0.4%~0.8%锰即是LD5。为消除LD5合金铸锭的柱状晶,防止制品形成粗晶的倾向,给合金中加入0.02%~

0.1％钛和 0.01％～0.2％铬,该合金即为 LD6。

LD10 合金的铜含量更高,与硬铝相当,为 3.9％～4.8％,所以也叫高强度硬铝合金。合金中含铁 0.2％～0.4％,能防止淬火加热时再结晶晶粒的长大,增加强化效果。但含铁量超过 0.8％时,因出现粗大的 $(FeMn)Al_6$ 相,降低合金塑性。

2. 高强钢

在早期的固体导弹中,使用高强度钢作为壳体。高强钢通常使用在要求有高刚度、高比强度、高疲劳寿命,以及具有良好中温强度、耐腐蚀性和一系列其他参数的结构件中。无论是在半成品生产中,还是在复杂结构件的制造中,尤其是在以焊接作为最终工序的焊接结构件生产中,钢材都是不可替代的材料。长期以来,导弹构件中使用最多的钢材,是强度水平为 1 600～1 850 MPa、断裂韧性约为 77.5 ～91 MPa·m$^{1/2}$ 的中合金化高强钢。目前,在保持同样断裂韧性指标的条件下,已将钢材的最低强度水平提高到了 1 950 MPa,还开发出了新型经济合金化的高抗裂性、高强度焊接结构钢。

高强钢的发展方向为进一步完善冶金生产工艺、选择最佳的化学成分及热处理规范、开发强度性能水平为 2 100～2 200 MPa 的高可靠性结构钢。在活性腐蚀介质作用下使用的机身承力结构件,特别是在全天候条件下使用的承力结构件上,广泛使用高强度耐蚀钢,这种钢的强度水平与中合金结构钢相近,可靠性参数(断裂韧性、抗腐蚀开裂强度等)大大超过中合金结构钢。高强钢的优点是:可采用不同的焊接方法实施焊接,焊接承力结构件时,焊后不必进行热处理,无论是在热状态,还是在冷状态,均具有良好的可冲压性等。最有希望适用高强钢的材料,是马氏体类型的低碳弥散强化耐腐蚀钢和过渡类型的奥氏体——马氏体钢。研究表明,在保持高可靠性和良好工艺性的条件下,是能够大幅度提高高强度耐腐蚀钢的强度水平的。

低温技术装备是高强度耐腐蚀钢的一个特殊应用领域及发展方向。装备氢燃料发动机的飞机具有良好的发展前景,应该把在液氢和氢气介质中工作的无碳耐腐蚀钢作为研究方向。

3. 聚合物复合材料

代表航空航天技术开发水平的一个重要标志是聚合物复合材料使用数量的多少。聚合物复合材料在比强度和比刚度方面具有非常明显的优越性,兼备良好的结构性能和特殊性能,在航空航天领域获得了广泛的应用。新一代的战略导弹壳体材料一般都采用聚合物复合材料。

采用以碳纤维增强塑料为基体的聚合物复合材料,是减轻结构质量的有效措施之一。聚合物复合材料通常是指高弹性模量的碳纤维增强塑料,特点是刚度大(弹性模量 196 GPa)、高温尺寸稳定性好,同时还保持了高的抗压强度(1 000 MPa)。

目前,以预浸胶工艺制造的玻璃纤维增强塑料和碳纤维增强塑料结构件得到越来越多的应用。采用这种工艺方法时,只需一道工序就可制得具有普通曲率和复杂曲率的零件。与传统的聚合物复合材料相比,预浸胶基复合材料的特点是抗裂性提高 40％～50％、抗剪强度提高 20％～50％、疲劳强度和持久强度提高 20％～35％。采用这种复合材料,可使劳动量与耗能量减少 1/2;使结构质量(特别是在采用蜂窝填充剂的情况下)减轻 50％,结构密封性提高 5 倍。

今后研究中需要解决的问题是要进一步改进碳纤维增强塑料的结构特性与特殊性能,特别是要将工作温度提高到 400 ℃。作为结构材料,新型复合材料——有机塑料将发挥越来越大的作用。最近几年,正在研制第 2 代有机塑料。单一用途的有机塑料的拉伸强度值达到 300～320 MPa,弹性模量值提高到 130 GPa。试验研究表明,有可能获得弹性模量为20～250 GPa 的有机塑料,需要指出的是,这实际上就是将工作温度范围扩大 1 倍(250℃～300℃),还可显著降低复合材料的吸水率。在比强度和比弹性模量方面,现代的有机塑料,特别是未来的有机塑料将超过所有已知的以聚合物、金属和陶瓷为基体的复合材料。

PMC 在航天领域的导弹、运载火箭、航天器等重大工程系统以及其地面设备配套件中都获得广泛应用,主要有下述几方面原因:

(1)液体导弹的弹体和运载火箭箭体材料有推进剂贮箱(如最新的"冒险星 X-33"液氢贮箱)、导弹级间段、高压气瓶等。

(2)固体导弹和运载火箭助推器的结构材料和功能材料,如仪器舱、级间段、弹体主结构(多级发动机的内外多功能绝热壳体)、固体发动机喷管的结构和绝热部件,如美国"MX""三叉戟""潘兴""侏儒"等导弹和法国"阿里安-5"火箭助推器的各级芳纶和碳纤维环氧基复合材料壳体及碳/酚醛、高硅氧/酚醛的喷管防热件。

(3)各类战术战略导弹的弹头材料,如战术导弹的弹头端头帽,战略远程和洲际导弹弹头的锥体防热材料,弹头天线窗的局部防热材料。

(4)机动式固体战略导弹(陆基和潜艇水下发射)和各种战术火箭弹的发射筒。

(5)卫星整流罩的结构材料(如端头、前锥、柱段、倒锥等)和返回式航天器(人造卫星、载人飞船)再入时的低密度烧蚀防热材料。

(6)返回式卫星和通信卫星用的复合材料构件有太阳能电池基板、支撑架;天线反射器、支架、馈源;卫星本体结构外壳、桁架结构、中心承力筒、蜂窝夹层板;卫星气瓶和卫星接口支架等。

(7)含能复合材料(固体火箭复合推进剂),所有的固体火箭发动机都采用不同能量级别的推进剂,它们是以热塑性或热固性高分子黏合剂为基体,其中添加氧化剂和金属燃料粉末(增强相)经高分子交联反应形成的复杂多界面相的填充弹性体的功能复合材料。

4.无机高分子材料(橡胶)

随着科学技术的发展,导弹、火箭越来越多地使用一些特种介质,而且由于会处在更加恶劣的高温、高压、高速、高真空、强辐射和超低温的工作条件,因此,对密封技术提出了越来越高的要求。这些要求是一般工业用密封技术所不涉及的,主要要求有:耐特种介质性;耐高、低温性;高转速;耐高压;贮存寿命长;高的可靠性等。

应当指出,上述要求常常不是单个出现的,而多半是综合的,这更是宇航密封技术的突出特点,因而给密封技术的研究与应用带来了极大的技术难度,成为导弹、火箭研制中的一个重要环节。例如,"长征三号"火箭中的某一活门是弹体气道系统的总开关,活门虽小,但作用重大,它的工作是否正常,影响到通信卫星能否正常入轨。曾出现过密封材料 Fs-30 与金属骨架黏合不好,造成脱粘或在高压气流冲击下,Fs-30 氟塑料应力开裂和掉块现象,影响成品的合格率和密封效果。一种航天密封专用的特种 Fs-30T 精制粉料树脂,具有较好的耐应力开裂性能,满足了深冷高压活门密封件的技术要求。密封技术在导弹、火箭上的应用相当广泛,在"长征二号"火箭、"长征三号"火箭和水下发射固体火箭各系统中应用的密封材料达 20 多种,密封部位达 850 多处。

在航天工业中,按照被密封的介质和密封件所处的环境,密封系统主要分为液压、滑油系统,燃料系统,氧化剂系统,高温燃气系统,超低温系统,耐真空、辐射、油雾、盐雾、霉菌系统。各系统主要使用的密封件材料列于表 2-1。由表中可以看出,除超低温系统外,使用最多的材料是各种橡胶材料。这是因为橡胶材料在通常温度下处于高弹态,具有独特的高弹性能,很容易补偿连接件表面凹凸不平处,在预紧力和被密封压力的作用下,密封件易产生形变,增加密封面的接触应力,从而达到良好的密封效果。但是橡胶类弹性体材料在超低温下处于玻璃态,失去高弹性能,变硬发脆,容易碎裂,所以超低温系统中一般不使用橡胶类弹性体材料。

表 2-1　在航天工业中主要密封系统及所用的密封材料

系统名称	密封介质名称	主要使用的密封材料
液压、滑油系统	液压油、滑油	丁腈橡胶、氟橡胶、氟硅橡胶
燃烧剂系统	偏二甲肼、肼、混肼	乙丙橡胶、丁基橡胶、氟橡胶、氟塑料
氧化剂系统	硝酸、四氧化二氮	丁基橡胶、氟橡胶、羧基亚硝酸氟橡胶、全氟聚醚、氟塑料
高温燃气系统	高温燃气	氟橡胶、硅橡胶、空心金属"O"形环
超低温系统	液氧、液氢	铝、铅、铟等金属空心"O"形环、聚醚、氟塑料
耐真空、辐射、油雾、盐雾、霉菌系统	核辐射、大气、海水	各种类型硅橡胶

2.2　材料失效物理基础

自然界大多数的固态物质是晶体,有些是单晶体,而多数是多晶体。前者如蔗糖、食盐等,后者如冰块、金属物体等。另有一类固体物质既无一定外形,也无确定的熔点,称为非晶态物质或无定形物质,如玻璃、沥青、蜂蜡等。

2.2.1　材料结构敏感性

反映固体材料性质的参数,在结构上大致有钝感和敏感之分。凡宏观性质上不受内部结构的微小差异所影响的叫作结构钝感性,如密度、弹性系数、比热、热膨胀系数、折射率等。凡具有易受内部结构微观变化(杂质、晶格缺陷、裂纹、位错等)所影响的性质叫作结构敏感性,如屈服应力、塑性形变、断裂、电导率、磁性等。结构敏感性是导致失效、退化发生的主要因素,失效是由结构上最薄弱环节引起的。

结晶位错是纳米(10^{-9}m)级的缺陷,微裂纹是微米(10^{-6}m)级的缺陷。元器件材料的退化总是先从微观部分开始,而性能测量数据却是代表整体的,不能把握微观的变化状态。因此,为了预防致命失效的突然发生,对于元器件材料的特性值,要从失效物理角度加以充分研究,以便选择出那些对退化敏感的、能预测失效的参数。此外,还要努力寻求新的观测手段。

2.2.2　晶体结构与性能

分子或晶体之所以能稳定存在,是因为原子间有相互作用。这种作用有主次之分,当相邻的两个或多个原子之间存在着主要的和强烈的相互作用时,它们之间就形成了化学键。化学键的强弱用键能表示,键能越高,则化学键越强,分子越稳定。化学键的键型与键能是决定物质性质的关键因素。分子与分子之间还存在着较弱的相互作用,通常叫作分子间作用或范德华引力。气体分子凝聚成液体和固体主要靠这种作用力。分子间作用力的大小也不同程度地影响着物质的物理化学性质,特别是决定着物质的熔点、沸点、溶解度等性质。

在实际晶体中,或多或少存在某些偏离理想结构的区域,称为晶体缺陷。晶体缺陷对金属的许多性能有着极重要的影响,与晶体的凝固、扩散等过程有很大关系,特别是对塑性变形、强度和断裂等起着决定性的作用。

假设无缺陷的理想金属晶体,计算其剪切应力,就会发现其强度比实际晶体大约 1 000 倍,拉伸强度亦然。美国贝尔电话研究所在调查海缆增音机故障原因时意外地发现了完善的晶体,它是由电缆铜线接头部位生长出的细锡结晶,其强度为普通锡的 1 000 倍。这种猫须状晶体的发现,大大激励了人们对缺陷的研究,随之又找到了若干种金属须。不过,其直径仅 1 μm 左右,若大于 1 μm 则缺陷增加;如果达 1 mm,其强度便大大下降。

现实的材料是非平衡的有缺陷的结构,而晶体缺陷又不是静止、稳定地存在的,它们可以随条件的变化而产生、发展、运动并相互作用,有时会合并或消失。晶体缺陷按几何形状可分点缺陷、线缺陷(位错)、面缺陷(如堆垛层错等)。这些缺陷对材料的性能产生重大影响,可以通过显微术直接观察到这些缺陷,以便进行有效的分析。

2.2.3　扩散

物质在物体内的迁移叫作扩散。金属中的扩散是原子依靠热运动从一个平衡位置到另一个平衡位置的迁移过程。这种迁移并不是自由的,而是一边和近邻的原子、粒子相碰撞,一边产生相对运动而进行的。金属及合金的许多性质,特别是高温下的性质,与扩散现象密切相关,如凝固、相变、蠕变、再结晶、氧化、烧结、均匀化退火、化学热处理等。

固体金属中的原子有四种不同的扩散途径:体扩散(晶格扩散),表面扩散,晶界扩散,位错扩散。后三种扩散都比第一种快,又称为短路扩散。实际上,这四种扩散是同时进行的,大体上有相似的规律,但体扩散是最基本的扩散过程。

单位时间内扩散通量的大小(扩散速度的快慢)取决于扩散系数 D 和浓度梯度。浓度梯度取决于客观条件,因此在一定的条件下,扩散的快慢主要取决于扩散系数。

扩散系数与温度、扩散激活能等有关,即

$$D = D_0 \exp\left(-\frac{E}{RT}\right)$$

式中　D_0——扩散常数(又称频率因子);

　　　R——气体常数;

　　　E——扩散激活能,表示原子扩散时需要的能量;

　　　T——绝对温度。

凡能改变扩散常数 D_0 和扩散激活能的因素均能影响扩散系数,而温度则是影响扩散系数的主要因素。温度越高,原子的能量越大,越易迁移,扩散系数就越大。由于扩散系数随温度升高而成倍增大,所以通过调节温度可以有效地控制掺杂层深度。

金属原子在晶界上的扩散要比在晶粒内部快得多。这是由于晶界处点阵畸变较大,原子处于较高的能量状态,易于跃迁,晶界扩散激活能(E_{gb})比晶体内扩散激活能(E_v)小得多,使扩散有结构敏感性。

原子沿金属外部表面的扩散比沿晶界的扩散速度还快。例如,银的表面扩散激活能是晶界扩散激活能的 $1/2$,是体内自扩散激活能的 $2/9$。

上坡扩散是指由浓度低处向浓度高处扩散,使固溶体浓度出现不均匀。

在化学热处理时,扩散可改变金属表层的成分,当溶质原子在表面的浓度超过其溶解度极限时,可析出化合物或发生组织变化,使表层分成两层:析出化合物层和未析出化合物层。这种伴随有析出化合物或有相变过程的扩散称为反应扩散或相变扩散。反应扩散的速度,取决于化学反应和原子扩散两个因素。

2.2.4　材料的形变与破坏

材料往往要经受拉伸、弯曲、扭转、压缩等作用。在自然界里,有极易破碎的脆性物质,如石膏;也有像橡胶那样拉伸度大、直至断裂前仍处在弹性范围内的物质;还有如金属类物质,它们遵循胡克定律,有弹性区域,一旦超过此区,再进行拉伸,就会导致断裂。在应力不变的情况下,材料往往会随时间逐步缓慢地变形,这样的形变叫蠕变。这类形变,随应力、温度的增加达到破坏的程度愈快。它们之间的关系服从于阿列里乌斯(Arrhenius)反应速度公式。并且,拉松-密勒公式 $T(C + \ln L) = f(\sigma)$ 和道尔松-渥特曼关于蠕变速度的经验公式 $K = \dot{\varepsilon} = C\sigma^n e^{-(E_D/KT)}$,$n \approx 5$($E_D$ 约等于材料自扩散的激活能),在这种场合下都大致适用。

蠕变有一次、二次、三次蠕变。这些不同阶段的蠕变,乃是加工的硬化和软化(由于位错滑移、空位扩散恢复过程所引起的)这两者互相平衡的结果。在一次蠕变中,硬化的比率增多,软化的比率减少;而在二次(常态)蠕变中这两者大致相等。对于三次蠕变,由于晶粒交界处有裂缝,材料形状呈蜂腰状等缘故,促使软化速率增加,伸长率增大,以致最终发生断裂。

若对材料(如电线)施加循环变化的机械应力,便会发生因疲劳而导致的断裂。即使循环变化应力比起静载荷的断裂应力来得小,且还在弹性极限之内,也往往会使材料破坏。影响疲劳寿命的因素,除材料组分外还有试样的形状、表面处理、加工条件等。疲劳损坏本质上是塑性形变的结果。另外,不单是机械应力,热循环应力同样也会引起疲劳损坏。

断裂作为一个结构敏感的物理现象,其发生的形式依固体的内部或外部状态、载荷、环境、经历等而有所不同。若按应力施加方式分类,则有像拉伸一类的静断裂;由循环应力引起的疲劳断裂;由冲击应力引起的冲击断裂,以及由长时间施加固定应力而产生的蠕变断裂等。此外,还有不是因塑性形变引起的,而是由裂纹近似于声速急剧扩展所致的脆性断裂,以及在塑性形变相当大之后,由于塑性形变的能量促使裂纹渐进扩展而造成的黏性断裂,即延展性断裂(固体推进剂的断裂大都属于此种)。还有经历一定时间后发生的滞后断裂,如在水分多的地方放置着施加外力的金属,在端头钩形部分便产生应力集中、氧原子集中,进而脆变损坏。滞后的时间是度量的依据。

由于强度是个结构敏感量,因而断裂亦与空间、时间有关。假如认为裂纹是由微小缺陷发展成的,那么对应于这样的发展过程,断裂则可用最弱环(最大缺陷)模型、反应论模型或泊松分布等寿命分布来描述。

2.2.5　氧化与腐蚀

金属氧化层增生的过程是外部氧离子(O^{2-})通过氧化层扩散以及来自内部的金属离子(M^+)、电子(e^-)逐渐扩散的过程。由于 M^+ 的扩散比 e^- 慢,因此产生的空间电荷(积聚的电子云)阻碍了 M^+ 的进一步扩散,这时氧化速度就减缓下来。金属的新表面若不是处在超高真空(10^{-10} mmHg 以下,1 mmHg≈133.3 Pa)环境中,马上就会被蒙上一层大气中的气体分子。即使在 10^{-6} mmHg 的真空中,也会在秒级的短时间内形成气体的单分子表面层。假如气体的化学性质不活泼,表面层的结合力就弱,即为范德华力,属于物理吸附。通常,在与空气接触的表面上产生了化合物或形成化学吸附的单氧原子层,而多余的氧原子可进一步在这上面形成物理吸附。

金属氧化的难易,要看生成氧化物时自由能的变化。自由能减少得愈多,就愈容易被氧化(见表 2-2)。这里,氧化速度是个关键的问题。如果所生成的氧化膜很致密、坚固,并且是不活泼的,则此氧化膜有保护性。

表 2-2　生成金属氧化物所需的自由能(每 1g 原子氧在 500K 下的值)

金　属	自由能/kcal	金　属	自由能/kcal
Ca	−138.2	H	−58.3
Mg	−130.8	Fe	−55.5
Al	−120.7	Co	−47.9
Ti	−101.2	Ni	−46.1
Na	−83.0	Cu	−31.5
Cr	−81.6	Ag	+0.6
Zn	−71.3	Au	+10.5

注:1 kcal≈4.186 kJ。

氧化物不具备保护作用时,其氧化速率呈线性关系(对于后述腐蚀的情形也一样):设氧化物的厚度为 x,则 $dx/dt=K$,$x-x_0=Kt$。氧化物具有保护性时,金属离子、电子、氧离子通过氧化膜的扩散占支配地位,则 $dx/dt=K/2x$,即所谓 $x^2-x_0^2=Kt$ 的抛物线关系。对于保护性强的,由于离子、电子空间电荷的积聚,因此存在扩散受阻的倾向,这时,其氧化速率吻合对数关系:$x=K_1\ln(K_2t+K_3)$,式中 K_1,K_2,K_3 为常数。而铝的氧化膜就服从于这个形式。但是,这里所讲到的模型只是针对自表面起均匀氧化的场合,至于像晶粒交界那样的部位,则往往是有选择性的、不均匀的氧化。

腐蚀(corrosion)大致上可以分作干蚀和湿蚀(虽然由金属水溶液所引起的腐蚀即湿蚀,跟金属和氧的反应即干蚀,具有不同的产生机理,但它们都伴随着正原子价的增加,因而都叫作氧化反应)。干蚀就是上述的氧化和硫化之类。因腐蚀,金属将逐渐变薄或局部出现空孔。一般情况下,在周围环境(酸、碱、硫黄、氨有机物等气氛)的连续作用下,腐蚀速率较低时,其腐蚀的进程就比较均衡,并且依直线、抛物线及对数等形式而逐渐变薄。此时,可以进行一定程度的预测。但是,在铜合金的场合,却是以局部空孔的形式发生腐蚀(穿孔腐蚀)。这样不规则的腐蚀易发生于晶粒交界之类的地方。因为这里正是不同硬度、不同电动势单元的连接处,从而容易引起下述的电化学腐蚀。借助于水溶液的腐蚀(湿蚀)是金属原子被溶解成离子的腐蚀。若把两种金属置于电解液中,并作电气连接的话,阳极一方的金属(M)就离化成 M^{n+} 而跑向阴极一方。同时,产生的电子(ne^-)就通过外接线流向阴极来还原氢离子,于是生成 OH^- 离子。电子从阳极移向阴极所需的功,是依靠伴随这个反应的自由能的变化 ΔG 产生的。这里,$\Delta G = -nE_0F$(F 是法拉第常数,E_0 是电动势)。金属愈是阳极性的就愈容易被溶解、腐蚀,而表示这个离化倾向的是电动势 E_0。这个电动势,因为不仅跟电极材料有关,而且还跟溶液中的离子浓度、双电层效应(反应生成物掩蔽阴极的效应)有关,这时,反应电压可由能斯特(Nernst)公式给出,即 $E = E_0 + RT/nF\ln(\alpha_{生}/\alpha_{反})$。腐蚀时的电动势是由化学组分不同和金属离子浓度不同而产生的。比如,当存在着流速差时,在浓度大的地方就形成正电位。

另外,金属如果发生塑性形变,那么该形变部分的自由能就增加,相对没有形变的部分就起着阳极的作用。比如冷却加工的金属,当受到应力腐蚀时就是这种情况。晶粒愈小便愈容易起阳极的作用,而在晶粒交界面,即使没有应力也容易发生腐蚀。近于水位线的金属,其含氧比其他部分多,所以呈阴极。

为了避免腐蚀,就得预防离化或保持离化产生的电子不被还原消耗掉。比如实际电气绝缘(避免电解和放电腐蚀),减小阴极面积,避免裂纹、间隙、塌陷或尖锋形状,以及避免反复施加应力等。此外,还可以涂覆上不活泼的防锈涂料,或特意多附上一层易腐蚀的、作为牺牲阳极的金属,以此来防护基体(如镀锌钢)。

2.3 导弹材料环境应力与失效

2.3.1 导弹使用环境

导弹在贮存使用(包括存放、测试、操练、值班等)过程中,受到各种环境因素的作用(见表 2-3),因而各个部件、机构和整机的性能参数都会发生变化。

变化的根源归纳起来有三个:

(1)周围介质环境的作用(包括自然环境、诱发环境及操作人员和维修人员的作用);

(2)与各机构运转有关的内部环境的作用;

(3)在制造过程中材料和零件潜伏的能量(铸造、焊接、装备等内应力)。

在导弹贮存使用中,主要的破坏能量有以下几种。

1.机械能

导弹内部和外部的各种静载荷和动载荷都形成机械能,沿着各个机件传递。如操作、运输、起竖转载等过程中的冲击振动载荷,零件的惯性载荷,相对运动面的摩擦载荷,各零件潜伏的内应力载荷等。这些载荷的大小取决于零件工作过程的特征;这些载荷往往是随时间变化的函数,而且具有复杂的物理现象。这些载荷所形成的机械能可使导弹零部件破损、变形、体积张缩,导致导弹性能失效或故障。

表 2 - 3 环境条件分类

自然环境	诱发环境
温度	
湿度	
大气压	瞬态冲击
降雨量	爆炸冲击
盐雾	正弦振动
风	随机振动
雾气	加速度
冰冻	噪声
沙尘	气动加热
臭氧	温度梯度
太阳辐射	高压
霉菌	爆炸环境
真空	腐蚀性气体或液体
高低能质子	核环境
高低能电子	失重
磁场	
静电场	

2. 化学能

战略导弹常在地下井内贮存或值班。由于导弹推进剂的加注、泄出,以及推进剂在地下井内与导弹的共同存放,导致推进剂大量蒸发。蒸发气体常为 NO_2,NO,CO_2 有机酸性腐蚀气体,又因为地下井的湿度相当大,湿气附着在导弹金属零件表面,形成肉眼看不到的薄薄的水膜,酸性腐蚀气体溶于水膜中形成稀酸,对导弹金属件起强腐蚀作用,这种作用是由电化学腐蚀和氧化腐蚀而作用,可导致导弹失效。特别是导弹的仪器,例如活门上的精密轴承、弹簧、滑动塞等,微小的腐蚀都会造成整弹的失效。因此,化学能对导弹的破坏不容忽视。

3. 热能

火箭发动机工作时,推力室助推器和涡轮燃气发生器以及涡轮构件的温度达 $1\,000\sim4\,000℃$,高温工作向周围进行猛烈的热传递;在导弹发射过程中,电动机传动机构、电气设备都会产生热量;导弹贮存中,周围介质的温度不断变化,热能对机械零件的强度、塑性及形状尺寸都会带来影响,对非金属件的老化起促进作用。

4. 生物因素

霉菌使导弹零件发霉,特别对导弹的光学仪器,精密仪表的性能损伤较显著。各国对梅雨季节导弹防霉工作都制定有严格措施。昆虫类对导弹也进行破坏,导弹史上不乏其例。昆虫钻进电子仪器的线路中使之短路、啃坏绝缘塑料使之漏电。另外还有鼠类啃咬电线导致灾害的事例。

5.贮存电磁环境对使用性能的影响

导弹系统由许多电气设备、火工品、推进剂及核弹头等系统组成。在贮存、操作使用、发射、飞行时要求有一个安全的环境。贮存、操作使用、发射、飞行环境安全包括电磁环境的兼容、安全。电磁环境包括静电干扰、雷电、本系统电磁发射和其他系统电磁发射的兼容等。

(1)静电干扰。主要影响方式为对敏感型火工品静电积累过大有可能误爆,造成装备的严重损毁。同时静电干扰将造成在测试中参数超差的现象。

(2)雷电。雷击对导弹的损坏作用,可分为直接效应和间接效应。直接效应是指直接雷击点及其附近产生的物理损坏。直接效应通常分为汽化作用、磁力作用、燃烧作用及腐蚀作用、起火、爆炸作用、声波冲击作用等。间接效应是指雷电流、雷电压产生的电磁场作用使导弹电气设备感应受损或受干扰。

(3)电磁发射。导弹和其测试设备在通电工作时,对周围环境会发出电磁辐射干扰,通过电线还会发生传导干扰,同时导弹装备也被这种辐射干扰所包围,造成测试参数超差、仪器工作不正常或仪器损坏。如某任务中脉冲源在与其他系统同时工作时受电磁干扰造成模飞时串超差。

6.动用次数影响

动用次数过多将造成装备部件的机械磨损,对安装有精度要求的装备造成安装精度降低(惯性元件),对连接部件造成接触不良(电缆插头)或密封性能下降(管路、七管连接器等)。

7.设备工作时间及操作影响

(1)机械设备。工作时间过长,将造成装备部件机械磨损,降低装备部件运行精度,如陀螺马达通电时间超过寿命后将增大马达的起动时间、工作电流并影响精度。

(2)电气设备。电气设备随着工作时间的增长,将有部分元器件、焊点、连线老化,造成电气设备的零位增大、放大系数改变等,使装备的性能下降甚至造成装备的损坏(变换放大器、二次电源等)。

(3)机-电-液设备。机-电-液设备包括机械部件、电子设备、液压元件及管路等。工作时间对其性能影响包括机械设备和电气设备的影响,对其液压元件、密封元件和管路造成磨损,使其密封性能下降,造成灵敏度下降、漏液、工作迟滞等故障。

(4)操作动作。操作号手的操作动作是否正确,直接影响装备的寿命和安全。东风五号系列导弹弹上需号手安装、连接的部件较多。号手连接、安装的熟练程度直接影响装备部件连接是否正确、可靠。号手可能连错造成测试无法进行甚至装备损坏;号手动作不熟练需多次操作才能完成,这将会增加装备的磨损,缩短装备的整体寿命。

2.3.2　气候环境应力与失效

导弹在贮存和使用过程中,会受到不同气候因素的影响,这些因素包括温度、湿度、大气压、降雨量、盐雾、风、雾气、冰冻、沙尘等。在这些气候因素中,以温度和湿度最为常见,对导弹电子器件的影响最为显著(见表 2-4)。潮湿能加速金属腐蚀,改变介质电特性,促使材料分解、长霉及形变等。

表 2-4　电子设备不同环境造成的故障比例

顺　序	引起故障的环境	故障比例/(%)
1	温度	22.2
2	振动	11.38
3	潮湿	10
4	沙尘	4.16
5	盐雾	1.94
6	低气压	1.94
7	冲击	1.11
8	其他原因	47.3

注:50%以上的故障由各种环境所致,而温度、振动、湿度造成的故障占43.58%,所以,一般把此三种环境称为恶劣环境。

水分与材料相联系有两种基本形式:一是与材料中某些物质产生化学结合,二是对材料形成物理渗透或表面吸附。物质从大气中吸收水分的性能称为吸湿性,介质通常具有表面的和体内的吸湿性,表面吸湿称吸附,体内吸湿称吸收。陶瓷、玻璃、石英等一般认为没有吸收作用,但其表面吸附水分,从而改变其电气特性。多孔性或纤维性结构的材料易于吸收水分,以致绝缘性能变化。

各种材料的吸附作用不一样。具有离子结构的材料(如玻璃)其吸附作用就大,由极性小或非极性分子组成的材料吸附作用就较弱。材料吸收水分比表面吸附水分造成的后果更为严重。材料吸收了水分,除使其机械、化学、电气特性劣化外,还会加速其老化。在高湿与高温同时作用下,绝缘材料的吸湿加快,水分含量会增加。分子排列不整齐和分子热振动会造成分子间隙,这是导致有机介质透水的不可消除的原因。热、冷应力来自使用时大气环境的温度变化(如沙漠地带的昼夜温差较大),也来自产品本身连续的或断续的工作所产生的热量变化。热应力的长期影响,会使元件、材料老化、变形、裂缝,从而导致电气性能下降。热、冷应力的交替作用更加速上述变化,并能加大、加快潮湿的影响。热、冷交变对某些材料,如焊料产生热疲劳、蠕变,以致开裂短路。

金属与周围介质接触时,由于发生化学反应或电化学作用而引起的破坏叫作金属腐蚀。氧气是最普遍的介质,金属在空气中往往被氧化。氧化的难易要看金属生成氧化物时自由能的变化,自由能减少得愈多,就愈易被氧化。有些金属所生成的氧化膜致密而坚固,可以保护金属不再进一步被氧化,如铝材等。而绝大多数的金属腐蚀是电化学腐蚀。电化学腐蚀的本质是"局部电池"作用,即由于相接触的两金属具有不同的活泼性,处在电解质中就会形成原电池,较活泼的金属易被腐蚀。相接触的两金属的活泼性差异较大,腐蚀就越容易,电解质的存在又加剧了腐蚀,如海边盐雾空气中的 NaCl 等或工业大气中的 CO_2 及 SO_2 等的存在。常见的金属电动顺序就是上述"活泼性"的标志。金属中掺入的杂质或金属的某些局部形变,在电解质作用下都会发生电化学腐蚀。为避免腐蚀,就要采取如涂漆、电镀的方法隔绝空气(即消除 O_2 和水膜影响);还可采用电化学保护法,如阳极保护法或阴极保护法。金属腐蚀是个较为复杂而又有害的现象,但随着现代科学技术的发展,定能找出更多更有效的防腐方法。

电子绝缘材料在贮存、使用过程中,其物理化学性能的逐渐恶化,在工程上称为"老化"。造成老化的主要原因是空气中氧气对材料的氧化。氧化反应往往因热或光的作用而加速,即有热老化与光老化之称。在较恶劣的气候条件下,如经受高温和紫外线强烈照射,氧化反应速度会急剧加快。

塑料、橡胶和纺织材料多为高分子化合物,氧化的结果使这些材料的大分子被破坏成较小的分子,绝缘性能恶化,材料变硬发脆、形变、开裂、表面粗糙。大气中的某些物质如臭氧、水蒸气等,会使聚合物特别是天然橡胶发生变化。某些聚合物在较高温度下使用会由非晶态变为晶态,如聚苯乙烯在约 $80℃$ 下一长期使用就会如此。这时塑料的机械性能变坏,而像聚氨基甲酸酯则会降低其对金属的附着力。

聚氯乙烯老化会裂解成短键,析出氯化氢。随着温度升高,自 $70℃$ 开始其老化速度大大加快。聚酰胺树脂在日光辐射和交变温度的长期影响下变得不稳定,机械强度降低,弹性消失;聚乙烯也大致如此。由于上述原因及塑料与金属的线性热膨胀系数不同,塑料与金属的共构件内产生应力。

某些有机材料的老化,除温度外还取决于电场或电压波形的作用。如苯乙烯薄膜,在高于 $40℃$ 时多为热老化,在低于 $40℃$ 时多为电老化。聚二氯苯乙烯在脉冲电压和交流电压下,老化受温度影响极小。

陶瓷材料老化会导致绝缘电阻和耐压强度降低。钛陶瓷表面在直流电压作用下,其电性能严重恶化。在高频电压下长期工作,钛陶瓷老化主要取决于局部的热效应,老化产生裂纹,并沿裂纹在热空气中放电。

2.3.3　机械环境应力与失效

导弹在运输和使用过程中,会受到诸如振动、冲击、碰撞、加速度、噪声等机械应力的作用。

导弹所遇到的振动有三种类型:正弦振动、随机振动和调制正弦振动(地震)。振动会引起各种各样的问题,诸如脱焊,引线和连接线断裂,螺钉、铆钉松动、断裂及脱落,零部件的相对位移,连接件、支撑件的脱开,活动部件的相互撞击,安全罩或安全门振开;振动会使脆性材料裂损,零部件、安装底板、机架产生裂纹甚至断裂,振动会使接触不良,以致接触电阻增大,温度升高;振动会使仪器仪表的指针抖动,读数不正常,特别是当振动的频率和产品的固有频率相同时更为严重;振动会严重地影响有开关特性的元器件的正常工作,如继电器会产生误动作等现象;振动会产生噪声,从而影响声敏元件(如压电元件等)的正常工作;振动会使零件磨损,长期的振动会使零部件产生疲劳损坏而影响寿命;振动会使设备工作不稳定、异常、性能下降、失灵甚至失去工作能力;振动还会使人感到疲劳、烦恼,严重者会降低工作效率,影响对导弹的正确操作和使用。

导弹所遇到的冲击因素也是很多的,主要有由于运动速度的突然变化所产生的冲击;由于武器系统发射炮弹、炸弹近距离爆炸所产生的冲击;水中爆炸所产生的非接触性冲击;由于草率鲁莽的处理或失手,使产品在运输、野外工作中突然受力所产生的冲击。

碰撞主要来自于公路运输的路面高低不平,铁路运输的转轨、接轨、挂厢,船舶航行中受波浪的冲击等。

冲击、碰撞、加速度等应力对电子产品的影响大致相当于振动应力,不过程度上可能更严重些,诸如结构松散零部件甩出、外壳变形、灯丝断裂、引线断裂、接点移位、撞人伤人等。

航天、航空用电子设备除易受到加速度的应力影响外,还受到噪声影响,并且日益严重。高强度的噪声会使导弹中的电子产品结构产生疲劳和破坏,可致设备可动部分误动作,工作不稳定,性能下降甚至失灵,特别是可致使声敏元件、压电元件及高灵敏度的继电器等不能正常工作。

2.3.4 生物环境应力与失效

导弹在潮湿热带地区贮存和使用时遇到的突出问题是霉菌、昆虫类生物的破坏。第二次世界大战期间,美国运往东南亚地区的大量军用装备在几天内便毁于微生物、昆虫的侵袭。材料长霉后在酶的作用下很快会被破坏。材料在霉菌作用下,可产生具有腐蚀性的物质,诸如柠檬酸、碳酸、草酸等。光学透镜等由于长霉会变得不透明。霉菌易在纤维性的材料内生长,会使某些塑料的增塑剂或填料受到破坏,以致材料强度与电气性能降低。如酚醛树脂、三聚氰胺、甲醛树脂、硝化纤维素和聚醋酸乙烯酯等均可能长霉。但对于尼龙、聚乙烯、聚氯乙烯和氟塑料等,在热带条件下反而十分稳定,而橡胶(不论天然的或人造的)只要接触水和泥土,都会遭到霉菌的侵蚀。

在适宜的条件下,电子设备的接线板、管座、开关板、导线的绝缘外套等材料均会繁殖出霉菌。焊接用的松香更是霉菌的良好培养基,因此焊接后应仔细清除残留的松香。白蚁咬食质地较软的材料,其分泌物亦有侵蚀作用,如对沥青、电缆等。白蚁排泄的湿泥可在设备的带电部位造成漏电通路。蜚蠊会损坏电话机、测量仪器、无线电接收机等。电缆和导线被啮齿类动物所破坏,如老鼠损坏电线,松鼠咬断绝缘体等。在热带旱季里,蠹虫隐藏在地里,遇到铅壳电缆时,可在外壳上钻出直径约 $2\sim3$ mm 的孔,从而毁坏电缆。

任何产品在经过一段时间的贮存期后,产品内部材料性能的变化是导致产品贮存可靠度下降的根本原因。在表 2-5 和表 2-6 中将环境因素对导弹的影响进行了总结。在实际的运输和使用环境中,各种环境因素不是单一出现的,至少是成对出现的。表 2-7 中对综合环境因素的相互作用和影响进行了分析。

表 2-5 环境影响和失效模式(一)

环境因素	主要影响	典型失效模式
高温	热老化	绝缘失效;
	金属氧化	节电接触电阻增大,金属材料表面电阻增大;
	结构变化	橡胶、塑料裂纹和膨胀;
	设备过热	元件损坏、着火、低熔点,焊缝开裂、焊点脱开;
	黏度下降、蒸发	丧失润滑特性
低温	增大黏性和浓度	丧失润滑特性;
	结冰现象	电气机械功能变化;
	脆化	结构强度减弱,电缆损坏,蜡变硬,橡胶变脆;
	物理收缩	结构失效,增大活动间的磨损,衬垫、密封垫弹性消失,引起泄漏;
	元件性能改变	铝电解电容器损坏,石英晶体往往不振荡,蓄电池容量降低

续 表

环境因素	主要影响	典型失效模式
高湿度	吸收湿气 电化反应:锈蚀 电解	物理性能下降,电强度降低,绝缘电阻降低,电介常数增大机械强度下降影响功能,电气性能下降,增大绝缘体的导电性
干燥	干裂 脆化 粒化	机械强度下降; 结构失效; 电气性能变化
低气压	膨化 漏气 空气绝缘强度下降 散热不良	容器破裂,爆裂膨胀; 电气性能变化,机械强度下降; 绝缘击穿,跳弧,出现电弧、电晕放电现象和形成臭氧,电气设备工作不稳定甚至故障; 设备温度升高
太阳辐射	老化和物理反应 脆化、软化黏合	表面性能下降、膨胀、龟裂、折皱、破裂,橡胶和塑料变质,电气性能变化绝缘失效、密封失效、材料失色、产生臭氧
沙尘	磨损 堵塞 静电荷增大 吸附水分	增大磨损、机械卡死、轴承损坏; 过滤器阻塞、影响功能、电气性能变化; 产生电噪声; 降低材料的绝缘性能
盐雾	化学反应: 锈蚀和腐蚀 电解	增大磨损,机械性能下降,电气性能变化,绝缘材料腐蚀产生电化腐蚀、结构强度减弱
霉菌	霉菌吞噬和繁殖 吸附水分 分泌腐蚀液体	有机材料强度降低、损坏,活动部分受阻塞; 导致其他形成的腐蚀,如电化腐蚀; 光学透镜表面薄膜侵蚀,金属腐蚀和氧化

表 2-6　环境影响和失效模式(二)

环境因素	主要影响	典型失效模式
风	力作用 材料沉积 热量损坏(低速风) 热量增大(高速风)	结构失效、影响功能、机械强度下降; 机械影响和堵塞,加速磨损; 加强低温影响; 加强高温影响
雨	物理应力 吸收水和浸渍 锈蚀 腐蚀	结构失效,头锥、整流罩淋雨侵蚀; 增大失热量,电气失效结构强度下降; 破坏防护镀层,结构强度下降,表面特性下降; 加速化学反应
湿度冲击	机械应力	结构失效和强度下降,密封破坏,电器元件封装损坏

续 表

环境因素	主要影响	典型失效模式
臭氧	化学反应； 破裂、裂纹 脆化 粒化 空气绝缘强度下降	加速氧化； 电气或机械性能发生变化； 机械强度下降； 影响功能； 绝缘性下降,发生跳弧现象
振动	机械应力疲劳 电路中产生噪声	晶体管外引线、固体电路的管脚、导线折断金属构件断裂、变形、结构失效； 连接器、继电器、开关的瞬间断开、电子插件性能下降； 陀螺漂移增大,甚至产生故障； 加速度表精度降低,输出脉冲数超过预定要求； 导头特性和引住装置的电气化功能下降； 粘层、键合点脱开,电路瞬间短路、断路
冲击	机械应力	结构失效,机械断裂或折断,电子设备瞬间短路
噪声	低频影响与振动相同, 高频影响设备元件的谐振	电子管、被导管、速调管、磁控管、压电元件、薄壁上的继电器,传感器活门、开关、扁平的旋转天线等均受影响,结构可能失效
真空	有机材料分解、蜕变、 放气、蒸发冷焊	放气和蒸发污染光学玻璃； 轴承、齿轮、相机快门等活动部件磨损加快； 二种金属表面会黏合在一起,产生冷焊现象
加速度	机械应力 液压增加	结构变形和破坏； 漏液
高压	机械应力	结构失效,密封破裂
爆破环境	严重机械应力	破裂、结构破坏

表 2-7　成对环境因素的相互作用

因　素	作　用	因　素	作　用
高温和湿度	高温将提高湿气浸透速度；高温提高湿度的锈蚀影响	高温和低压	当压力降低时,材料的放气现象强,温度升高,放气速度增大。因此,两种因素起相互强化作用
高温和盐雾	高温将增大盐雾所造成锈蚀的速度	高温和太阳辐射	增大对有机材料的影响
高温和雾化	使霉化,微生物生长需要一定的高温,但温度在 71℃ 以上,霉化和微生物不能发展	高温和沙尘	沙尘的磨损作用因为高温而加速

续表

因　素	作　用	因　素	作　用
高温和臭氧	温度从约 150℃ 开始,臭氧减少,在约 270℃ 以上,通常压力下,臭氧不能存在	高温和冲击振动	这两种因素互相强化对方的影响,塑料和聚合物要比金属更加易受这种条件的影响
高温和爆炸空气	温度对爆炸空气的点燃影响很小,但对作为一种重要的因素空气蒸汽比确有影响	低温和低压	会加速密封等的漏气
低温和太阳辐射	低温将减少太阳辐射的影响,反之亦然	低温和盐雾	低温可以减小盐雾的侵蚀速度
低温和湿度	湿度水者温度的降低而减小,但低温会造成湿气冷凝,如果温度更低还会出现霜冻和结冰现象	低温和沙尘	低温可以增大沙尘的侵透性
低温和雾化	低温可以减小霉化作用,在 0℃ 以下,霉化现象呈不活动状态	低温和臭氧	在较低温度下,臭氧影响较小,但随着温度的降低,臭氧的浓度增大
低温和冲击振动	低温会强化冲击和振动影响,但是,这只是在非常低温下的一种考虑	低温和爆炸空气	低温对爆炸空气的点燃影响很小,但是,它对作为重要的因素空气-水蒸气则有影响
湿度和雾化	湿度有助于霉化微生物的生长,但对它们的影响无促进作用	湿度和低压	湿度可以增大低压影响,特别对电子或电气设备更是如此。影响的程度取决于温度
湿度和盐雾	高湿度可以冲淡盐雾浓度,但它对盐的侵蚀作用没有影响	湿度和振动	将增大电气材料的分解速度
湿度和沙尘	沙尘对水具有自然的附着性,因而这种综合可以增大腐蚀作用	湿度和太阳辐射	湿度可以增大太阳辐射对有机材料的侵蚀影响
低压和振动	对所有的设备都会起到强化影响的作用,电子和电气设备的影响最为明显	低压和加速度	伴随高温环境,这种综合才是重要的
盐雾和沙尘	这种综合可增大磨蚀作用	盐雾和振动	这将增大电气材料的分解速度
沙尘和振动	振动有可能增大沙尘的磨损效应	加速度和振动	在高温和低气压下,这种综合会增大各种影响

第3章 导弹构件失效物理模型及常用分布

3.1 导弹构件典型失效物理模型

3.1.1 应力-强度模型

当应力超过产品的耐受强度时,故障即发生,这是一个材料力学模型。应力和耐受强度刚好相衔接的状态就是上述的临界状态。假设最初应力与耐受强度是留有充分的安全余量的,那么经过一定的时间后,随着应力的交叠,就有可能有故障发生,应当特别注意的是,这里的应力和强度是广义应力和广义强度,并不单纯指的是机械应力和机械强度。广义应力定义为"导致失效的任何因素",而广义强度定义为"阻止失效的任何因素"。当"导致失效的任何因素"大于"阻止失效的任何因素"时,即发生故障,就可以应用应力-强度模型分析其可靠度,例如电子系统中晶体管所受的热应力大于其抗热应力的能力时即发生故障;击穿电压大于其绝缘电阻时可发生电压击穿故障;在非金属材料的老化中导致材料老化因素的温度、湿度都可视为应力,而其抗老化性能可视为强度;在密封管路中,管路中的压力可视为应力,而管路的密封性能可视为强度。不管何种形式的广义应力和广义强度,凡是应力大于强度时,都会有故障发生。因此,应力-强度模型应用非常广泛。

由于用机械应力与机械强度来描述应力-强度模型最为直接,最易使人理解,因此在阐述应力-强度模型时,仍以机械应力和机械强度为例进行解释。

既然故障是由于外界的某种应力超过了该产品对此种应力所能承受的极限(即该产品的强度)而引起的,就可以用应力-强度模型来描述,所以这种模型常用在导弹结构的故障分析上。

在应力-强度模型中,故障是由于在应力超过强度界限时发生的,所以,如果掌握了应力和强度的分布,则从两个分布的交叠部分便可计算出产品的不可靠度。

部队现行使用的导弹,其结构的设计依据是设计载荷法。结构强度由传统的安全系数来保证,为了减轻质量,还要控制剩余强度系数的大小。这种设计方法的主要缺点是:

(1)事实上计算应力(由载荷的大小和性质等决定)及极限应力(由材料的强度决定)都有一个确定值,它们有一定的随机性。如果为了保证安全,把安全系数取得过大,势必造成材料浪费,质量增加;安全系数取小了,又可能危及安全。

(2)这种方法不能回答导弹结构的可靠性究竟是多少。

因此,对于现代的机械结构,它们的固有可靠度就可以根据应力-强度模型的原理计算,而它们发生故障的机理也可以根据这个原理阐述。

1.按应力-强度模型分析故障机理

结构的载荷是多种多样的,如振动、静载荷、容器的内压、重复载荷等,因而由此产生的应力也各不相同,但它们都是服从某一分布的统计量。

材料的强度由于加工制造,环境条件等原因,也具有一定分布的统计量。这就决定了结构故障也具有统计性质。

根据实践经验,静载荷、静强度以及结构的几何尺寸都能较好地服从正态分布,即使某些正态分布,也可假设它服从正态分布,因为这样偏于安全。

设 $\bar{\delta}$ 为某一种产品的强度平均值,$f_\delta(\delta)$ 为该产品的分布密度;$\bar{s}$ 为该产品由使用载荷所产生的应力平均值,$f_s(s)$ 为其密度函数。若应力 s 和强度 δ 均为正态分布,其均值分别为 $\bar{s},\bar{\delta}$,标准偏差分别为 σ_s,σ_δ。当分布没有重叠区域时故障不会发生;当分布出现重叠区域时,故障就发生了。利用应力-强度模型定量地分析故障就是要计算出该面积的大小,这块面积越小,则该产品的不可靠度也越小。

若采用安全余量和应力偏差来估算应力、强度分布之间的关系,则定义:

安全余量为
$$\delta_M = \frac{\bar{\delta}-\bar{s}}{\sqrt{\sigma_\sigma^2+\sigma_s^2}} \tag{3.1}$$

应力偏差度为
$$s_R = \frac{\delta_s}{\sqrt{\sigma_\sigma^2+\sigma_s^2}} \tag{3.2}$$

安全余量 δ_M 是应力和强度平均值的相对间隔,当 $\bar{\delta}=\bar{s}$ 时,$\delta_M=0$。应力偏差度 s_R 为应力的标准偏差的量度,它们都与应力、强度分布的联合标准偏差有关。

δ_M 和 s_R 是从故障概率上分析应力、强度分布相互影响的一种方法。与之相反,传统的安全系数则是基于平均值或极大值与极小值之比的思想,不去作概率估计。

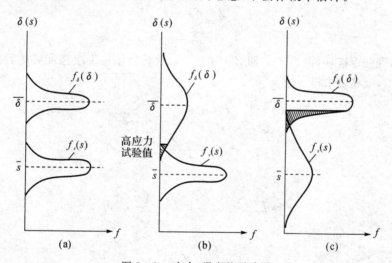

图 3-1　应力-强度的干涉图

图 3-1(a) 所示为高可靠度状态:应力和强度分布较窄(σ_s,σ_δ 较小),δ_M 较高而 s_R 较低。如果能够控制应力和强度的标准偏差值,在保证的一定安全余量的前提下,那么在一定的时间内故障是可以避免的。现代导弹上的许多部位,特别是危及安全的重要结构,如弹体、贮箱、动力装置的重要受力构件及气瓶等,可按这个原理设计,在使用过程中,强度并非一成不变。由于应力的反复作用、材料疲劳、腐蚀的出现,其平均值 $\bar{\delta}$ 和标准偏差 σ_δ 均要发生变化。如果设计、

制造中控制质量和尺寸,使用中注意使用条件和环境条件的影响,妥善维修保养,则可以控制强度的变化。至于应力的变化,或者听其自然,或者人工限制,以保证足够的安全余量。

图 3-1(b) 所示是应力偏差度较低的一种情况,由于强度分布的标准偏差较大,安全余量也较低。在这种情况下,会引起少部分质量差的产品出现故障。生产中采用质量控制的方法仍然不能有效地减少强度分布的标准偏差时,可采用加大应力的方法,有意使质量差的产品出现故障,使母体的强度分布截去一段(见图 3-1(b)),重叠区域大为减少,而剩下产品的可靠性增加了,这就是高应力老化电子设备,筛选电子元件,验证试验高压气瓶等的理由。但应注意,加大应力应以不减弱产品的强度为前提。

图 3-1(c) 所示是安全余量较低而应力偏差度较高的一种情况,这是由于应力分布的标准偏差较大而强度平均值较小的缘故。从使用可靠性的观点来看,这是一种不利的状态,因为出现故障的可能性较大,而采用筛选的方法来提高可靠度又很不经济。这时可以采用增加成本的方法,增大强度的均值,以加大安全余量,或者采取措施减小应力分布的标准偏差。

2. 按应力-强度模型计算不可靠度

设 s 为应力随机变量,δ 为强度随机变量,$Z = \delta - s$,假设 s,δ 是相互独立的。

由概率论可知,当 s,δ 均服从正态分布时,其差也服从正态分布,即 Z 也服从正态分布,分布密度函数为

$$f_Z(Z) = \frac{1}{\sqrt{2\pi}\,\sigma_Z} e^{-\frac{(Z-\bar{Z})^2}{2\sigma_Z^2}}$$

并且

$$\bar{Z} = \bar{\delta} - \bar{s}$$

$$\sigma_Z = \sqrt{\sigma_\delta^2 + \sigma_s^2}$$

结构要出现强度破坏,需 $\delta < s$,即 $Z < 0$。所以要计算结构发生强度破坏的概率(即结构的不可靠度 F),就是要求得 $p(Z < 0)$。

$$F = p(Z < 0) = \int_{-\infty}^{0} f_Z(Z)\,\mathrm{d}Z = \int_{-\infty}^{0} \frac{1}{\sqrt{2\pi}\,\sigma_Z} e^{-\frac{(Z-\bar{Z})^2}{2\sigma_Z^2}}\,\mathrm{d}Z$$

令

$$t = \frac{Z - \bar{Z}}{\sigma_Z}$$

则上式变为

$$F = p(Z < 0) = \int_{-\infty}^{-\bar{Z}/\sigma_Z} \frac{1}{\sqrt{2\pi}} e^{-\frac{t^2}{2}}\,\mathrm{d}t$$

令

$$Z_R = \frac{\bar{Z}}{\sigma_Z}$$

则

$$F = p(Z < 0) = \int_{-\infty}^{-Z_R} \frac{1}{\sqrt{2\pi}} e^{-\frac{t^2}{2}}\,\mathrm{d}t = \Phi(-Z_R)$$

又

$$Z_R = \frac{\bar{Z}}{\sigma_Z} = \frac{\bar{\delta} - \bar{s}}{\sqrt{\sigma_\delta^2 + \sigma_s^2}}$$

所以

$$F = \Phi(-\delta_M)$$

或

$$R = \Phi(\delta_M)$$

按上式计算 Z_R,根据 Z_R 查标准正态分布表即可得到 F,从而可求出结构的不可靠度。

3. 应力-强度的干涉理论和可靠度公式

将应力(s)和强度(δ)的密度函数分别用 $f_s(s)$ 和 $f_\delta(\delta)$ 来表示,如图 3-2 所示,则定义可靠度 R 为

$$R = p(\delta > s) = p(\delta - s > 0) \tag{3.3}$$

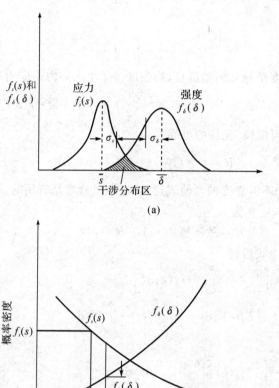

图 3-2 应力-强度干涉图

图 3-2(a) 中的阴影部分表示干涉分布区,由此可以计算故障概率。如图 3-2(b) 所示,应力值落于宽度为 ds 的小区间的概率等于单元 ds 的面积,即

$$p\left(s_0 - \frac{\mathrm{d}s}{2} \leqslant s \leqslant s_0 + \frac{\mathrm{d}s}{2}\right) = f_s(s_0)\mathrm{d}s$$

强度 δ 大于某一应力 s_0 的概率如下:

$$p(\delta > s_0) = \int_{s_0}^{+\infty} f_\delta(\delta)\mathrm{d}\delta$$

在应力和强度随机变量不相关的假定之下,应力值位于小区间 ds 内,同时强度 δ 却超过在此小区间内所给出的应力。这一情况出现的概率由下式给出:

$$p\left(\delta > s, s_0 - \frac{\mathrm{d}s}{2} \leqslant s \leqslant s_0 + \frac{\mathrm{d}s}{2}\right) = f_s(s_0)\mathrm{d}s\int f_\delta(\delta)\mathrm{d}\delta \tag{3.4}$$

元件的可靠度为对于应力 s 所有的可能值强度 δ 均大于应力 s 的概率,因此它可按下式求得:

$$R = \int_{-\infty}^{+\infty} f_s(s) \left[\int_s^{+\infty} f_\delta(\delta) \mathrm{d}\delta \right] \mathrm{d}s \tag{3.5}$$

可靠度也可按应力始终小于强度这一条件进行计算,强度 δ 在小区间 $\mathrm{d}\delta$ 的概率为

$$p\left(\delta_0 - \frac{\mathrm{d}\delta}{2} \leqslant \delta \leqslant \delta_0 + \frac{\mathrm{d}\delta}{2} \right) = f_\delta(\delta) \mathrm{d}\delta$$

而应力小于 δ_0 的概率为

$$p(s \leqslant \delta_0) = \int_{-\infty}^{\delta_0} f_s(s) \mathrm{d}s$$

同样假定应力和强度是独立的随机量,则强度位于小区间内而应力不超过 δ_0 的概率为

$$p = \left(s \leqslant \delta, \delta_0 - \frac{\mathrm{d}s}{2} \leqslant \delta \leqslant \delta_0 + \frac{\mathrm{d}s}{2} \right) = f_\delta(\delta_0) \mathrm{d}\delta \cdot \int_{-\infty}^{\delta_0} f_s(s) \mathrm{d}s \tag{3.6}$$

因此对于强度 δ 的所有可能值,元件的可靠度为

$$R = \int_{-\infty}^{+\infty} f_\delta(\delta) \left[\int_{-\infty}^{\delta} f_s(s) \mathrm{d}s \right] \mathrm{d}\delta \tag{3.7}$$

另外,提出可靠度和不可靠度的其他表达式,这在以后将是有用的。

不可靠度用 $\bar{R}$ 表示,定义为

$$\bar{R} = 故障概率 = 1 - R = p(\delta \leqslant s)$$

将式(3.5) 中的 R 代入上式后得

$$\bar{R} = p(\delta \leqslant s) = 1 - \int_{-\infty}^{+\infty} f_s(s) \left[\int_s^{+\infty} f_\delta(\delta) \mathrm{d}\delta \right] \mathrm{d}s =$$

$$1 - \int_{-\infty}^{+\infty} f_s(s) \left[1 - F_\delta(s) \right] \mathrm{d}s = \int_{-\infty}^{+\infty} F_\delta(s) \cdot f_s(s) \mathrm{d}s \tag{3.8}$$

或者用式(3.7) 可得

$$\bar{R} = p(\delta \leqslant s) = 1 - \int_{-\infty}^{+\infty} f_\delta(\delta) \left[\int_{-\infty}^{\delta} f_s(s) \mathrm{d}s \right] \mathrm{d}\delta =$$

$$1 - \int_{-\infty}^{+\infty} f_\delta(\delta) \cdot F_s(\delta) \mathrm{d}\delta = \int_{-\infty}^{+\infty} \left[1 - F_s(\delta) \right] f_\delta(\delta) \cdot \mathrm{d}s \tag{3.9}$$

定义 $y = \delta - s$,y 称作干涉随机变量,则可靠度为

$$R = p(y > 0) \tag{3.10}$$

假定 δ 和 s 为独立随机变量且大于或等于零,则 y 的密度函数由下式给出:

$$f_y(y) = \int_s f_\delta(y + s) \cdot f_s(s) \mathrm{d}s = \begin{cases} \int_0^{+\infty} f_\delta(y + s) \cdot f_s(s) \mathrm{d}s, & y \geqslant 0 \\ \int_{-y}^{+\infty} f_\delta(y + s) \cdot f_s(s) \mathrm{d}s, & y \leqslant 0 \end{cases} \tag{3.12}$$

因此故障概率和可靠度可分别按以下两式求出:

$$\bar{R} = \int_{-\infty}^{0} f_y(y) \mathrm{d}y = \int_{-\infty}^{0} \int_{-y}^{+\infty} f_\delta(y + s) \cdot f_s(s) \mathrm{d}s \mathrm{d}y \tag{3.13}$$

$$\bar{R} = \int_{-\infty}^{0} f_y(y) \mathrm{d}y = \int_0^{\infty} \int_0^{+\infty} f_\delta(y + s) \cdot f_s(s) \mathrm{d}s \mathrm{d}y \tag{3.14}$$

3.1.2 反应论模型

产品的故障及性能退化,从微观上看则是起源于原子、分子的变化,例如,由于电、热、机械诸应力引起物质内部发生平衡状态变化、化学变化、晶体结构变化以及结合力变化等,这些都可能

是故障的原因。这时,支配着故障发生过程的,乃是氧化、析出、电解、扩散、蒸发、磨损和疲劳等故障机理。物质腐败、变质也是一种由化学反应所导致的原子重新排列,因氧化、腐蚀使金属生锈的情况,正是氧原子、金属离子或电子的扩散支配着锈蚀的速度,从而影响着金属的寿命。

如果产品的故障是由于产品内部某种物理、化学反应的持续进行,直到产品的某种参数变化超过某一临界值引起的,这种故障就可以用反应论模型(或称反应速度论模型)来描述。

物体内部的各种反应速度有快有慢,而且与外部的应力条件有关。例如导弹上的导线、电缆的绝缘层和橡胶件,由于内部分子间的化学反应,随着使用时间的增加,它们的绝缘强度和密封性能逐渐下降。如果加上外界温度和其他环境条件的影响,反应过程(或称退化过程)被加速,在超过某一临界值以后故障就会发生。

应该注意,这里不仅指狭义的化学反应,而且,像蒸发、凝聚、形变、裂纹传播之类具有一定速度的物理变化,以及热、电、质量之类的扩散、传导等现象,在广义上说,也属于反应速度论的范畴。

在从正常状态进入退化状态的过程中,存在能量势垒,而跨越这种势垒(称为激活能 ΔE)进行反应的频数是按一定概率发生的,即服从玻尔兹曼分布。此反应速度 k 与温度的关系,即阿列尼乌斯方程:

$$k = \frac{\partial x}{\partial t} = \Lambda \mathrm{e}^{-\Delta E/(RT)} = \Lambda \mathrm{e}^{-B/T}$$

或

$$\ln k = \ln \Lambda + \frac{-\Delta E}{RT} = b + \frac{a}{T} \tag{3.15}$$

式中　　Λ—— 与频率有关的常数;

$\quad\quad x$—— 特征值或退化量;

$\quad\quad k$—— 反应速度;

$\quad\quad R$—— 波尔兹曼常数;

$\quad\quad \Delta E$—— 激活能。

其中,$B = \Delta E/R$。

反应论模型的特点是能够估计参与反应的应力的影响。而在前述的应力-强度模型中没有触及强度怎样降低的理论根据。阿列尼乌斯方程的引出,在当时来说是由大量的试验总结出来的,后来被一些理论所证实。从公式可以看出速度常数 k 的对数与 $\frac{1}{T}$ 成线性关系。阿列尼乌斯方程用途很广,它不仅适用于一般均态反应(包括气相和溶液中的反应),还适用于一般的非均态反应(包括催化反应),例如 N_2O 在铂丝上的非均态分解,NH_3 在钨丝表面的催化分解等等。由于激活能 ΔE 是在阿列尼乌斯中的指数项上,所以它的数值对速度 k 的影响较大,下面从分子运动概念阐述激活能的概念。

当分子以有限速度进行反应时,能引起化学反应的首要条件是分子之间的相互碰撞接触,或者说是分子之间发生碰撞。从分子运动论中得知分子之间的单位时间的碰撞次数是非常大的,用 Z_0 表示。例如标准状态下气体分子的平均速度为 $10^3 \mathrm{m/s}$,而分子的平均自由路程 $\bar{\lambda}$ 约为 $10^{-7} \mathrm{m}$,由此可推算每个分子每秒内碰撞次数 Z_0 可高达 10^{10} 次左右。假如每一次碰撞均能产生化学反应,即每次碰撞均有效,则气体反应将在瞬时完成。然而实际的反应并不是这样的,能够引起化学反应的有效碰撞数仅占分子间总碰撞次数 Z_0 的一部分,而且还是很少的一部分。这些有效碰撞的分子所具有的内能比在该温度下分子所具有的平均内能大得多,我们把具有比平均内能大得多而发生有效碰撞的分子叫活化分子。而活化分子比一般具有平均内能的分子所多余的能量叫激活能。

从统计力学得知,分子间能量分配是具有统计规律的,因此在每一瞬时都有高于平均能量的分子存在(当然也有低于平均能量的分子)。一般情况下,当温度一定时,其分配概率是一定的。某一反应所需的活化能越高,则这一瞬时起作用的有效碰撞分子数越少,因此反应速度就越小。图 3-3 中纵坐标表示分子的能量,横坐标表示反应的过程,称其为反应轴,甲为反应物。反应物变成生成物丙时,中间要经历一个活化态乙,反应物内部原子需要重排或拆开,然后变成丙。

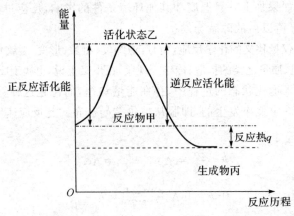

图 3-3　反应体系中活化能示意图

通常的退化反应,在达到最终退化前要跨越几个能量势垒,也就是说,整个退化反应往往由几个过程连续组成。例如,金属的氧化、生锈,主要是由于空气中氧原子被金属表面所吸附;金属中的电子通过氧化层离化表面上的氧原子;以及金属离子自内部向氧原子方面扩散而最终形成和加厚氧化层,也就是说,反应发展到最后的恶化状态是伴随着很多过程的。但是,起主导作用的,即支配由氧化而生锈直至达到故障状态的时间(寿命)的,是以上诸过程中经过时间最长的过程(如金属离子的扩散过程)。像这种决定退化反应速度的过程就叫作律速过程。

当几个过程是接连发生的串联式反应时,由于此时的总反应速度 k 与各个过程的反应速度 k_i 之间有 $1/k = \sum (1/k_i)$ 的关系,律速过程是由最快的反应过程所支配的;而对于几个过程同时并行地发生的并联式反应,则 $k = \sum k_i$,也就是由最快的过程所支配的。对于不作替换、修理的产品,成为最佳工作状态的偶然故障期,通常要比早期故障和耗损故障期长得多。因此,这一时期就叫作有效寿命期。在没有实行预防维修的情况下,由于有些产品的寿命可以用耗损故障的发生来规定,因而耗损劣化就是这种产品的律速过程。

在式(3.15)中,特性值 x 一旦到达某临界值 x_{cr},就视作寿命终止,则将该式积分,有

$$x = kt + x_0$$

或

$$x - x_0 = \Delta x = kt$$

则寿命为

$$L = \frac{x_{cr} - x_0}{k} = \frac{\Delta x_{cr}}{k} \tag{3.16}$$

如果初始退化量 x_0 为零,则

$$L = \frac{x_\alpha}{k}$$

将式(3.15)右边随温度变化的关系代入式(3.16),并对它取对数,便得

$$\ln L = \ln \Delta x_\alpha - \ln \Lambda + \frac{B}{T} = A + \frac{B}{T}$$

因为退化量取决于 kt,所以,若要使之退化到故障,则增大 k 或 t 都行。增大应力(即使 k 增大)的结果与缩短 t(即缩短时间)是等价的。

加大应力以使退化速度加快,寿命缩短,这就是以前所阐述的寿命加速。应力增大导致寿命缩短的效果如式(3.16)所示。故寿命加速系数可由下式求得

$$\tau_{T_i - T_0} = \frac{L_\gamma}{L} = \frac{k}{k_\gamma} \tag{3.17}$$

式中,L_γ,k_γ 为某标准状态的寿命及退化速度;L,k 为加速状态下的相应参数。

应力促进退化的因素包含在 k 之中,在仅是温度影响退化的场合并对应于 $k = \Lambda e^{-B/T}$ 的情况,式(3.17)即为

$$\tau_{T_i - T_0} = e^{-B\left(\frac{1}{T} - \frac{1}{T_\gamma}\right)} \tag{3.18}$$

对于温度以外的应力,如电压、载重或压力等,按反应论模型并根据实践证明,寿命和应力 V 之间存在着 c 次幂律的关系。其反应速度和寿命表达形式分别为

$$k = \Lambda V^c$$

$$\tau_{T_i - T_0} = \frac{L_\gamma}{L} = \left(\frac{V}{V_\gamma}\right)^c$$

式中,c 对于不同的情况可取不同的值,实践证明,当分析电容器寿命与直流电压 V 的关系时,$c = 5$;当分析灯泡、电子管灯丝的寿命与电压的关系时,$c = 13$;对于聚乙烯之类有机绝缘材料的击穿时间与交流电压的关系,则 $c = 11 \sim 13$;对于滚珠轴承,钢材等的破坏与载荷的关系,则 $c = 3 \sim 4$。

表3-1列举了半导体器件的几种故障机理及产生这些故障机理所需要的激活能。这些故障机理的反应速度 k 与温度的关系为

$$k = \Lambda e^{-\Delta E/RT}$$

表 3-1 半导体器件的主要故障机理及其激活能

序 号	故障机理	激活能 $\Delta E / eV$
1	Al 的自扩散(错位缓和)	1.5
2	Si 的自扩散(空穴)	4.8
3	Si 中 Al 扩散(空穴)	3.5
4	SiO_2 中 Na^+ 的扩散	1.39
5	SiO_2 中的质子扩散	0.73
6	Al 离子的电迁移	$0.48 \sim 0.84$
7	Au - Al 金属间化合物	$0.87 \sim 1.1$

反应论模型常应于寿命加速试验中,除了阿列尼乌斯方程和 c 次幂律公式外,根据环境、外力等实际情况还有其他一些常用的反应论模型。

(1) 如果以温度和电压同时作为加速变量,对电容器所采用的加速寿命方程为

$$t = \frac{A}{V^c} e^{B/T}$$

式中　　t ——时间;

　　　　V ——电压;

　　　　T ——绝对温度;

　　A,B,c ——参数。

(2) 如果用温度、相对湿度和电压同时作为加速变量,对于集成电路采用的加速寿命方程为

$$t = B e^{\Delta E/RT} e^{-a(RH)} V^{-c}$$

式中　　RH ——相对湿度;

　　　　R ——波尔兹曼常数;

　　B,α,c ——参数;

　　　ΔE ——激活能。

(3) 如果以温度和电压同时作为加速变量,对微型电路采用 Eyring 方程,即

$$t = \frac{G}{T} \exp\left[\frac{\Delta E}{kT} - V\left(C + \frac{D}{kT}\right)\right]$$

式中,G,C,D 为参数。

3.1.3　累积损伤模型

外界应力对产品的作用有两种类型。一类是可逆的,即当应力作用于产品时,参数会发生变化,而当应力消失后,产品就恢复原状。例如晶体管在温度升高到一定程度时,它的反向漏电流增大(出现故障),当温度降至室温时,晶体管参数恢复正常。另一类是不可逆的,即当应力消失后,应力作用的后果仍然存在,这样每次应力作用都给产品带来损伤,这些损伤累计起来超过某一临界值时,产品就会发生故障。这种模型称为累积损伤模型。步进应力试验和序进应力试验就是以这种故障物理模型为依据的。

典型的累积损伤模型如火炮,在冲击振动等应力的作用下,火炮发生疲劳裂纹,每次射击,裂纹会有新的发展;随着射击次数的增加,累积到一定程度,裂纹长度超出了规定的容许限度,产品就要报废。因此金属的疲劳损伤都可纳入这类模型。

应当注意的是,在运用累积损伤模型分析产品故障时,是在"即使应力大小变化而故障机理不变"的假设下进行讨论的。在进一步的分析时,一般均采用迈因纳(Miner)法则。即:若在某一大小一定的交变应力 s_i 下,寿命(循环次数)为 N_i,则若在应力 s_1 下循环 n_1 次,在 s_2 下循环 n_2 次,则有

$$\sum \frac{n_i}{N_i} = 1 \tag{3.19}$$

关于迈因纳法则,还应指出如下几点:

(1) 迈因纳法则是根据"一旦材料中积蓄的能量达到一定值(功 w)就会引起损坏"这一原

理,首先假定存在 $w=\sum w_i$ (w_i 为各应力所做的功) 的关系以及 $(w_i/W)=(n_i/N_i)$ 的线性比例关系的条件下推导出来的。

(2) 推导此法则时,还认为由每个加载应力所导致的故障是随机的,即时间上服从指数分布。这些事件同时发生的概率 $\prod \mathrm{e}^{-n_i/N}=\mathrm{e}^{-\sum(n_i/N_i)}$ 变至 e^{-1} 所经历的时间就是平均寿命 (MTTF)。由此关系也可推得 $\sum(n_i/N_i)=1$。至于实际的应力是否是随机的,就应根据具体情况分析了。

(3) 由于迈因纳法则是在假设材料产生机械能量积累的前提下得到的,对于其他形式的退化就未必都能用这个积累能量的方法考虑。而反映论模型则可以相当广泛地运用于各种退化模式。在 $\Delta x=x-x_0=kt$ 中可将其写成一般形式:$\Delta\varphi(x_1,x_0)=\varphi(x)-\varphi(x_0)=kt$,即反应论模型中的退化量取决于 kt 之积,由此,可将迈因纳法则推广为

$$\sum \frac{t_i}{L_i}=1 \tag{3.20}$$

也就是说,在应力 s_1 下历时 t_1,在 s_2 下历时 t_2,……,在 s_i(对应于 k_i) 下历时 t_i,如此下去,则总退化量为 $\Phi(x)=\sum k_i t_i$;当 $x=x_0$ 时寿命终止。这里 $k_i=\Phi(x_{0y})/L_i$,由此便可直接求出式 (3.20)。该式相当于将迈因纳法则中的循环寿命次数 N_i 换成遵循反应论模型而故障的元件,材料的寿命值 L_i,可以说,这是广义的迈因纳法则。

(4) 累积损伤的迈因纳法则与正态分布的关系。累积损伤广泛采用的是迈因纳法则即 $\sum \dfrac{n_i}{N_i}=1$,但迈因纳法则由于应力变化时的瞬时效应和方向顺序的变化,使广义迈因纳法则实际上还不是总等于 1,而是有离差。按材料性质、形状、应力之不同,离差可达 0.33,或者说试验结果约 70% 的 $\sum \dfrac{n_i}{N_i}$ 在 1 ± 0.2 以内。但迈因纳法则是以 1 为均值的集中概率出现的,如果 L_i,t_i 为随机变量,且都分别服从于正态分布 $N(\mu_{L_i},\sigma_{L_i}^2)$,$N(\mu_{t_i},\sigma_{t_i}^2)$ 的话,因为 $\sum \dfrac{t_i}{L_i}=1$ 为寿命终止,而 $\sum \dfrac{t_i}{L_i}<1$,即 $1-\sum \dfrac{t_i}{L_i}>0$ 为可靠工作。则安全概率(可靠度)可以由下式求得:

$$R=p\left\{\left(1-\sum \frac{t_i}{L_i}\right)>0\right\} \tag{3.21}$$

当随机变量 t_i,L_i 均为正态分布时,其相除的随机变量仍为正态分布。因此,式 (3.21) 可写为

$$R=p\left\{\left(1-\sum \frac{t_i}{L_i}\right)>0\right\}=\Phi\left\{\frac{\left(1-\mu_{\sum \frac{t_i}{L_i}}\right)}{\sigma_{\sum \frac{t_i}{L_i}}}\right\} \tag{3.22}$$

由两随机变量相除的均值和方差的计算式,例如当 x 和 y 两随机变量相除时,即 $z=\dfrac{x}{y}$,有

$$\mu_z=\frac{\mu_x}{\mu_y}$$

$$\sigma_z^2=\frac{\mu_x^2}{\mu_y^2}\left(\frac{\sigma_y^2}{\mu_y^2}+\frac{\sigma_x^2}{\mu_x^2}\right)$$

可得

$$\mu_{\sum \frac{t_i}{L_i}} = \sum \frac{\mu_{t_i}}{\mu_{L_i}}$$

$$\sigma^2_{\sum \frac{t_i}{L_i}} = \sum \left[(\mu_{t_i}/\mu_{L_i})^2 (\sigma^2_{L_i}/\mu^2_{L_i} + \sigma^2_{t_i}/\mu^2_{t_i}) \right] \tag{3.23}$$

对于迈因纳公式中 t_i，L_i 的变量也可换成 n_i，N_i 的变量，而对于应力-强度模型，则可换成应力和强度（x_s，x_δ）为随机变量。

3.1.4 最弱环模型

材料的破坏和产品的故障是由其内在缺陷和弱点所决定的，这一点由前述可知。从微观的角度分析，破坏和故障并不取决于平均值参数，而是与裂纹、不整齐、歪斜、杂质、污染等对结构敏感的量有关。此外，材料内部的微小裂纹也是大小不等的，其中急速形成的最大的裂纹便决定该材料的寿命。裂纹的大小实际是服从统计分布的，分布值最大的地方便是最容易破坏的地方，即使裂纹大小的分布是完全均匀的。但由于实际上所加的负荷和材料的形状不均匀，各个地方的负荷也还是各不相同的，结果是应力大而集中的地方，裂纹发展得最快，材料的寿命就由此而定。

这种从缺陷最大又是最薄弱的地方产生破坏的模型，即称为最弱环模型，也称为串联模型或链环式模型。实际上最弱环模型也可以用极小值模型来处理。

材料或产品的故障机理有不少是互相独立的，其中任意一个或几个的强度低到某一临界值时，都会造成材料或产品的故障，对于这种情况就可用最弱环模型来描述。例如在晶体管和集成电路中，P-N 结的击穿点是由 P-N 结面上最弱的一点开始的，由于热设计不合理或工艺上的缺陷，工作中就会产生局部过热点，当这种过热点温度超过某一临界值时，故障便由此发生。又如，海底电缆的增音机是串联工作的，在使用过程中，若有一个故障，就会导致海底电缆系统失去通信能力，所以海底电缆的可靠性取决于增音机中可靠性最低的一个。此外，如地平仪中由于液压电门损坏而使其丧失功能的占地平仪故障总数的 15.6%；测距雷达由于晶体管毁坏而导致整机故障的占该型雷达故障总数的 24.3%，这些故障构成了产品故障的最弱环。

因此，在这种情况下，最弱点的退化速度就成为串联系统的退化速度。这个最弱点的产生，往往是由于产品在制造过程中引入了某些缺陷或出了操作差错而引起的。

最弱环模型与前述的应力-强度模型是有区别的。如前所述，当应力和强度皆为正态分布时，按照应力-强度模型，链的不可靠度 F_c 可由 $F_c = \Phi(-\delta_M)$ 或 $R_c = \Phi(\delta_M)$ 求出，也可根据

$$R_c = \int_0^{+\infty} \frac{1}{\sqrt{2\pi}\sigma_Z} e^{-\frac{(Z-\bar{Z})^2}{2\sigma_Z^2}} \mathrm{d}Z$$

及

$$F_c = 1 - \int_0^{+\infty} \frac{1}{\sqrt{2\pi}\sigma_Z} e^{-\frac{(Z-\bar{Z})^2}{2\sigma_Z^2}} \mathrm{d}Z$$

求出。

现分析以下两种情况：

（1）当 $\sigma_s \to 0$ 时，即应力为常量的简单情况，链的可靠度取决于环强度的方差 σ_δ^2，无论是对于每个链环或整个链都是如此，但对于最弱环模型，若每一个环的可靠度为 R，则链的可靠度为 $R_c = R^n$（n 是链中环的个数）。

（2）如果环的强度的标准偏差很小，即各环很均一（$\sigma_\delta \to 0$），则链的可靠度取决于应力是

否超过了环的强度,在极限条件下,链的可靠度等于一个环的可靠度,即 $R_c = R$。

因此,在这种情况下,两种模型所得的结果应当是相同的。

在串联系统中,若各元件的可靠度都服从指数分布,即 $R(t) = e^{-\lambda_i t}$,则有

$$\lambda = \sum_{i=1}^{n} \lambda_i = \lambda_1 + \lambda_2 + \cdots + \lambda_n \tag{3.24}$$

即串联的故障概率等于各构成部分故障概率之和,如元件数为 n,则发生故障的机会便为单个元件的 n 倍。这就显示了数量(复杂度)的效果。对于次品率也一样,就好像薄膜,面积愈大,包含瑕疵的可能性也就愈大。不言而喻,元件材料的结构要涉及所加的应力越复杂,制作工序越多,发生故障的可能性也就越大。同样,经历时间越长,故障率的数学期望 λ_i 也越大。

当元件、材料存在若干相互独立的故障机理,而其中任何一个机理都可能导致元件材料的故障时,则元件、材料的故障率可以用各个机理的故障率之和来表示:

$$\lambda = \sum_{i=1}^{n} \lambda_{机理i} = \lambda_{机理1} + \lambda_{机理2} + \cdots + \lambda_{机理n}$$

如果 $\lambda_{机理i}$ 与应力变化的关系服从阿列尼乌斯方程,那么就可获知应力与元件、材料故障率之间的关系。但是,在故障机理混杂并存的场合,由于各机理随应力大小而变化的情况各不相同,所以想通过加速寿命试验来进行评价就显得困难。

3.1.5　其他失效物理模型

1. 临界模型与耐久模型

任何产品的故障,从它的发展过程来看,总是有这样两种情况:一是当应力超越某一界限时,即引起故障;二是能量的积蓄越过某一限度就造成损坏。这样的故障物理模型叫作临界模型或界限模型。在这种情况下,与其去考究故障发生的时间,不如去考究应力(能量)的界限。应力一旦超过某一界限,物体便进入不稳定、不安全、不可靠的状态。而临近进入这种状态叫作临界状态(见图 3-4),例如,弹簧处于本身的弹性限度内时,随着能量的一蓄一放,则会可逆地来回伸缩。然而,一旦超出弹性限度,弹簧便失去功能(过度的弹簧变形)。因此,拿结构材料的拉伸断裂或半导体材料的二次击穿来说,了解其强度界限以及施加应力的界限,便是头等重要的事情。为防止材料的破坏,还要考虑安全余量的界限,以此作为设计的一个原则。查明元件的安全界限,同时将产品的工作条件、环境条件特意加严,以观察产品是否仍然能够稳定地完成其规定的功能,这样的试验叫作余量试验或限度检验。这种试验对设计和预防性维修等将是很有用的。

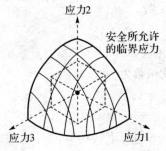

图 3-4　安全工作区和临界状态

所谓耐久模型,是元件、材料等完全工作于安全工作区,在 $t=0$ 时刻没有损坏,只是经过一定时间后才发生故障的一种模型。这里,能量积蓄到使产品破坏的程度是需要时间的。如果用上述的应力-强度模型来解释的话,即为强度逐渐下降的情形。此外强度退化又和蠕变、磨损、疲劳、腐蚀等原因逐步演变至故障的反应论模型有关。因此,从某种意义上说,耐久模型也可叫作退化模型。

2. 极值分布模型

设备的应力和强度往往是随机变量,设备故障常常取决于随机变量数列应力的极大值或强度的极小值。例如绝缘材料被电压击穿(电压相当于应力而材料的抗电性能相当于强度),电子管被热应力烧毁,飞机导弹被过载破坏等。这种情况下,可用极值分布模型来计算结构的可靠度。

考虑出自累积分布函数为 $F(x)$ 的无限母体且大小为 n 的随机样本,这里 x 是连续随机变量 $(-\infty < x < +\infty)$。设将样本表示为 $x_1, x_2, \cdots, x_n$,定义随机变量:

$$Y_n = \min(x_1, x_2, \cdots, x_n)$$

则将随机变量 Y_n 叫作最小极值。

因材料或设备故障与最薄弱点或薄弱元件有关,故最小值的极限分布是在可靠性工程中经常碰到的分布。这里将考虑最小极值分布,但是容易应用这些概念得到最大极值分布。

Y_n 的积累分布为

$$p(Y_n > Y) = p\left[(X_1 > y) \bigcap (X_2 > y) \bigcap \cdots \bigcap (X_n > y)\right]$$

由于随机样本保证独立,即

$$p(Y_n > y) = \prod_{i=1}^{n} p(X_i > y)$$

或

$$p(Y_n > y) = [1 - F(y)]^n$$

则 Y_n 的累积分布为

$$G_n(y) = 1 - [1 - F(y)]^n, \quad -\infty < y < +\infty \tag{3.25}$$

由式(3.25)很容易得到密度函数:

$$g_n(y) = nf(y)[1 - F(y)]^{n-1}, \quad -\infty < y < +\infty \tag{3.26}$$

也把式(3.26)叫作样本大小为 n 的一阶统计量的密度函数。

例 3.1 求当 $f(x) = \lambda e^{-\lambda x}, (x > 0)$ 为指数分布时的 $G_n(y)$ 和 $g_n(y)$。

解 对于指数分布,其累积分布函数为

$$F(x) = 1 - e^{-\lambda x}, \quad x \geqslant 0$$

代入式(3.25)得

$$G_n(y) = 1 - e^{-n\lambda y}, \quad y \geqslant 0 \tag{3.27}$$

这是最小极值累积分布,由此密度函数为

$$g_n(y) = n\lambda e^{-n\lambda y}, \quad y \geqslant 0 \tag{3.28}$$

通常

$$G_n(y) = 1 - [1 - F(y)]^n, \quad -\infty < y < +\infty$$

不用于计算,原因如下:

1) 式中的每一个元件的分布函数应当已知。

2) 往往 $F(x)$ 即便是已知的,带入该式也是很难计算的,由于 $1-F(y)<1$,当 n 极大时由于计算误差很难得到累积分布的精确值。

但是这个困难也可以克服,当 n 充分大,趋于无穷时,该式在某些条件下将趋向一个极限分布函数,称为渐进分布。一些简单的分布我们可以用下述的方法推出。

定义随机变量 u_n 为

$$u_n = nF(Y_n) \tag{3.29}$$

这里 $F(x)$ 是 u 的累积分布函数,它由下式得到:

$$H_n(u) = p(u_n \leqslant u) = p[nF(Y_n) \leqslant u] = p\left[Y_n \leqslant F^{-1}\left(\frac{u}{n}\right)\right] = G_n\left[F^{-1}\left(\frac{u}{n}\right)\right]$$

或代入到式(3.25)的 $G_n(y)$,则有

$$H_n(u) = 1 - \left(1 - \frac{u}{n}\right)^n, \quad 0 < u < n \tag{3.30}$$

当 $n \to +\infty$ 时,式(3.30)成为

$$H(u) = 1 - e^{-u}, \quad u \geqslant 0 \tag{3.31}$$

则

$$h(u) = H'(u) = e^{-u}, \quad u \geqslant 0 \tag{3.32}$$

因为当 $n \to +\infty$ 时,$u_n \to u$,则

$$H_n(u) \to H(u) \tag{3.33}$$

能够得到

$$Y_n \to Y, \quad \lim_{n \to +\infty} G_n(y) = G(y)$$

则有

$$Y_n = F^{-1}\left(\frac{u_n}{n}\right), \quad Y = F^{-1}\left(\frac{u}{n}\right)$$

所以

$$G_n(y) = P\{Y_n \leqslant y\} = P\left[F^{-1}\left(\frac{u_n}{n}\right) \leqslant y\right] = P[u_n \leqslant nF(y)] = H_n[nF(y)] \tag{3.34}$$

$$\lim_{n \to +\infty} G_n(y) = \lim_{n \to +\infty} H_n[nF(y)] = 1 - \exp[-nF(y)]$$

因此 Y 的分布给出最小极值的极限分布。用下面的例子来说明上述的推导。

上面方法对于一些函数却不适用,例如,X 的基础分布若为正态分布,则 $f(x)$ 不可积,$F(x)$ 也不能求出。贡贝尔对此问题进行了研究,在 1958 年将最小次序统计极限分布分为三类,后来克拉美证明最小次序统计极限分布只有三类。

(1) 最小极值分布分为如下三类:

Ⅰ 类:

$$F(x) = 1 - \exp\left[-\exp\left(\frac{x-x_0}{\theta}\right)\right], \quad -\infty < x < +\infty, \theta > 0 \tag{3.35}$$

Ⅱ 类:

$$F(x) = 1 - \exp\left[-\left(-\frac{x-x_0}{\theta}\right)^{-\beta}\right], \quad -\infty < x \leqslant x_0, \theta > 0, \beta > 0 \tag{3.36}$$

Ⅲ 类:

$$F(x) = 1 - \exp\left[-\left(\frac{x-x_0}{\theta}\right)^{\beta}\right], \quad x_0 \leqslant x < +\infty, \theta > 0, \beta > 0 \tag{3.37}$$

这三种分布较多地应用在研究一个变量出现最大值或出现最小值的现象。这样的问题是

很多的,例如,在负荷曲面上,足以促使疲劳断裂的最高应力集中;在串联系统的最薄弱元件,在并联(冗余)系统中的最强的元件,还有研究洪水、气象、航空、地质、化学腐蚀以及空气污染等问题,都有所应用。

三类渐进分布是由 $F(x)$ 的本身性质,特别是两边尾部的性质决定的。具体来说,Ⅰ型极值大分布要求 $f(x)$ 的右端尾部伸向无穷远并以指数型递减,例如,正态分布、对数正态分布、伽马分布和威布尔分布在右端尾部以指数递减并伸向无穷远。Ⅰ型极值分布常用于串联系统和并联系统,也用于腐蚀过程引起的失效模型。Ⅱ型渐进分布对 $F(t)$ 要求的条件在实际中应用较困难,在此不作介绍。贡贝尔称威布尔分布为Ⅲ型分布,这类分布特别适用于机电类产品的寿命分布。

当某些条件满足时,这些分布中的一种类型就会出现。当 $x \to \infty$ 时作为分布基础的密度函数按指数规律趋近于零,在此条件下就出现Ⅰ类分布。另外,如果密度函数的分布区并无下限,且对于某些大于零的 θ 和 β 具有如下关系:

$$\lim_{x \to \infty} (-x)^{\theta} F_x(x) = \beta \tag{3.38}$$

则最小次序统计量的极值分布就属于Ⅱ类。Ⅲ类最小极值分布是熟知的威布尔分布,当下列条件满足时就出现Ⅲ类分布:

1) 密度函数分布区具有下限(即 $x \geqslant \delta$);

2) 对于某些大于零的 θ 和 β,当 $x \to \delta$ 时,$F_x(x)$ 具有 $(\theta - \delta)^{\beta}$ 这样的性质。

(2) 最大极值分布分为如下三类:

Ⅰ类:

$$F(x) = \exp\left\{-\exp\left[-\left(\frac{x - x_0}{\theta}\right)\right]\right\}, \quad -\infty < x < +\infty, \theta > 0 \tag{3.39}$$

Ⅱ类:

$$F(x) = \exp\left[-\left(\frac{x - x_0}{\theta}\right)^{-\beta}\right], \quad x \geqslant x_0, \theta > 0, \beta > 0 \tag{3.40}$$

Ⅲ类:

$$F(x) = \exp\left[-\left(-\frac{x - x_0}{\theta}\right)^{\beta}\right], \quad x \leqslant x_0, \theta > 0, \beta > 0 \tag{3.41}$$

当 $x \to \infty$ 时,作为分布基础的密度函数 $f_x(x)$ 按指数规律趋于零,在此条件下就出现Ⅰ类分布。若对于某些大于零的 θ 和 β 有如下关系:

$$\lim_{x \to \infty} x^{\beta} [1 - F_x(x)] = \beta$$

则出现Ⅱ类分布。

若作为分布基础的密度函数其分布区具有上界(即 $x \leqslant \delta$),同时对于某些有限的 δ,$1 - F_x(x)$ 具有 $\theta(\delta - x)$ 这样的性质,则最大次序统计量的极值分布属于Ⅲ类。

3. 并联均分载荷模型

在导弹贮存中,为了防止敌方核爆炸或偶然的地震对导弹的震动破坏,常把导弹悬挂于空间。悬挂导弹的诸拉杆平行受力,形成并联受力模型。在该种模型下,一根拉杆由于震动拉断后,其他拉杆都要均分这根断了的拉杆所承担的载荷,未断(幸存)的拉杆故障率就会增大。另外,在弹体发动机中,有很多用螺钉固定的机械零件,这些螺钉均分受力,如果一个螺钉断了,其余的螺钉必须承担更大的载荷,这就形成并联均分结构。在导弹的电路中,并联电容电阻等,流过的电流是均分的。当某个电容或电阻失去作用(断路)时,则未断路的电容、电阻上要承担更大的电流载荷,这也是并联均分结构。这种并联均分载荷的故障模型是常常遇到的。

下面先以两个子系统的情况,进行故障模型的推导。令:$h(t)$ = 在半载荷下故障前时间的密度函数;$f(t)$ = 在全载荷下故障前时间的密度函数。当发生故障时,幸存的故障前时间服从 $f(t)$ 分布;而且 $f(t)$ 与过去的时间区间无关。

对于这种情况,将幸存的可能性模式画在图 3-5 中,因为每种模式表示的事件都是互不相容的,所以可以分别考虑每种模式的概率,然后将其相加。

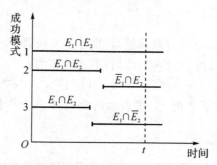

图 3-5 幸存的可能性模式

模式中,事件 $E_1, E_2, \bar{E}_1, \bar{E}_2$ 表示为 $E_1 \sim t_1 > t, E_2 \sim t_2 > t, \bar{E}_1 \sim t_1 < t, \bar{E}_2 \sim t_2 < t; t_1, t_2$ 分别表示第一、第二子系统故障前时间,它们是随机变量。

考虑两个元件都是幸存的第一种模式,这种模式下,两子系统故障前时间均大于 t。其中概率值为

$$p[(t_1 > t) \bigcap (t_2 > t)] = [R_h(t)]^2$$

式中

$$R_h(t) = \int_t^{+\infty} h(\tau) d\tau$$

考虑第二种模式,这种模式第一个元件的故障时间 $t_1 < t$,即未工作到 t 时刻就断了,而第二个元件的故障时间 $t_2 > t$,即一直工作到时间变量 t 以后。其概率值为

$$p\{(t_1 < t,在半载荷下) \bigcap (t_2 > t_1,在半载荷下) \bigcap (t_2 > t - t_1,在全载荷下)\} =$$
$$\int_0^t h(t_1) dt_1 \int_0^{t_1} h(t_2) dt_2 \int_{t-t_1}^{+\infty} f(t_2) dt_2 = \int_0^t h(t_1) R_h(t_1) R_f(t - t_1) dt_1$$

式中,$R_f(t) = \int_t^{+\infty} f(\tau) d\tau$ 为在全载荷下的可靠度函数。

由于这种模式表示成功的模式,即虽然一个子系统出了故障,但由另一个子系统继续承担着任务工作着,故其概率为可靠工作后的概率,上式中表示的概率为可靠度。如果我们假定元件是相同的,即同分布同特征值,则第三个模式与第二个模式相同。因此整系统的可靠度为

$$R_s(t) = [R_h(t)]^2 + 2 \int h(t_1) R_h(t_1) R_f(t - t_1) dt_1 \qquad (3.42)$$

作为一个最简单的例子,当我们设故障率为常数时,令:

$$\lambda_h = 半载荷故障率$$
$$\lambda_f = 全载荷故障率$$

则式(3.42)可简化写为

$$R_s(t) = e^{-2\lambda_h t} + 2 \int_0^t \lambda_h e^{-\lambda_h \tau} e^{-\lambda_h \tau} e^{-\lambda_f(t-\tau)} \, d\tau \tag{3.43}$$

式(3.42)和式(3.43)相对应的函数为

$$R_h(t) \text{——} e^{-\lambda_h t}$$
$$h(t_1) \text{——} \lambda_h e^{-\lambda_h \tau}$$
$$R_h(t_1) \text{——} e^{-\lambda_h \tau}$$
$$R_f(t - t_1) \text{——} e^{-\lambda_f(t-\tau)}$$

式(3.43)积分后可得

$$R_s(t) = e^{-2\lambda_h t} + \frac{2\lambda_h}{(2\lambda_h - \lambda_f)}(e^{-\lambda_h t} - e^{-\lambda_f t}), \quad t > 0 \tag{3.44}$$

对于 n 个子系统组成的并联均分载荷模型,推导起来较繁杂。若各子系统独立,则 n 个子系统的强度分布为 $[f(t)]^{n*}$,当 $f(t) = \lambda e^{-\lambda t}$ 时,其表达式为

$$[f(t)]^{n*} = \lambda^n t^{n-1} e^{-\lambda t}/(n-1)! = \lambda^n t^{n-1} e^{-\lambda t}/\Gamma(n) \tag{3.45}$$

对于 n 个并联均分载荷子系统,上式表示的分布接近于均值为 n/λ,方差为 n/λ^2 的正态分布。

4. 串联链式模型

串联链式模型实际上是最弱环模型,这里为了用不同的分析方法再加以提出,它不是一个与时间相关的模型。在这里提出此模型是因为求解它所用的方法与本章中对其他模型所用方法不一致。

串联链式系统是这样一个串联系统:如果其中任何一个元件失效,系统将发生故障,而不管元件失效的概率是何等不同。作为这种失效的一个例子,考虑一个由 n 个相同元件组成的电路,这个电路承受热应力。为简化起见,我们假定热应力是引起失效的主要原因。则在这种情况下,系统可靠度将为

$$R_s = \min_i R_i$$

式中,R_i 是第 i 个元件的可靠度,它描述元件对于因热应力而失效的抗力。

可以把这个模型和 n 个环组成的链条相比较,如果作用的应力超过任一个环的强度,链条就会断掉。因此使用了"链式模型"或"最薄弱环模型"这个名词。

设

$$f_s(s) = \text{应力随机变量 } s \text{ 的密度函数}$$
$$f_\delta(\delta) = \text{强度随机变量 } \delta \text{ 的密度函数}$$

则任一环节的可靠度为

$$R_i = p(\delta > s)$$

再考虑图 3-6,该可靠度为

$$R_i = \int_0^{+\infty} \int_s^{+\infty} f_s(s) f_\delta(\delta) \, d\delta ds \tag{3.46}$$

或者可以将它写为

$$R_i = \int_0^{+\infty} f_s(s) [1 - F_\delta(s)] \, ds \tag{3.47}$$

现在如果链是由 n 个随机选择的环所组成的,则这等价于从强度分布 $f_\delta(\delta)$ 中随机选择的一个大小为 n 的样本。令 δ_n 为表示具有 n 个环的链之强度随机变量,它将为

$$\delta_n = \min_i(\delta_i) \tag{3.48}$$

式中,δ_i 为第 i 个环的强度。运用极值分布概念,有

$$G(\delta_n) = 1 - [1 - F_\delta(\delta)]^n \tag{3.49}$$

式中,$G(\delta_n)$ 为表达链强度的累积分布。

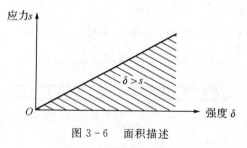

图 3-6　面积描述

链的系统可靠度为

$$R_n = p[\delta_n > s]$$

用式(3.47)的概念,R_n 可表达为

$$R_n = \int_0^{+\infty} f_s(s) [1 - F_\delta(s)]^n \mathrm{d}s \tag{3.50}$$

式(3.50)给出了系统可靠度,它与元件数 n、作用在系统上的应力密度函数 $f_s(s)$ 以及各个元件的强度分布函数 $F_\delta(\delta)$ 有关。

5.随机冲击模型

假如失效是由于多次冲击引起的,λ 就相当于冲击强度(或叫平均冲击率),则泊松分布为对应于 t 时间间隔内发生冲击的概率,而指数分布为对应于 t 时间内发生冲击前时间的分布。进一步说,如果由于冲击能量的积累,受到 k 次冲击之后才发生失效的话,则 k 次以下发生失效的概率为

$$\sum_{\gamma=0}^{k-1} \mathrm{e}^{-\lambda t} (\lambda t)^\gamma / \gamma! \tag{3.51}$$

k 次以上失效的概率,即 $\gamma > k$ 的失效概率,亦即 $\gamma > k$ 的不可靠度为

$$F(x \geqslant k) = 1 - \sum_{\gamma=0}^{k-1} \mathrm{e}^{-\lambda t} (\lambda t)^\gamma / \gamma!$$

将 F 对 t 微分(固定 k),得密度函数为

$$f(t) = \frac{\mathrm{d}F(x \geqslant k)}{\mathrm{d}t} = \frac{\lambda}{(k-1)!} (\lambda t)^{k-1} \mathrm{e}^{-\lambda t} \tag{3.52}$$

式中,失效率为

$$\lambda = \frac{1}{\mathrm{MTBF}} = \frac{1}{t_0}$$

由于 $\Gamma(k) = (k-1)!$,故密度函数可写为

$$f(t) = \left[\frac{1}{t_0 \Gamma(k)}\right] \left(\frac{t}{t_0}\right)^{k-1} \mathrm{e}^{-\frac{t}{t_0}} \tag{3.53}$$

此分布称伽马分布,可见伽马分布是指数分布与泊松分布的引申。当 $k=1$ 时为偶然失效,此时,$f(t) = \frac{1}{t_0} \mathrm{e}^{-\frac{t}{t_0}}$ 即指数分布;当 $k > 1$ 时为耗损失效。

6. 最弱环强度静断裂模型

研究最弱环中环链强度的断裂,是研究一切强度的有力工具。凡是因局部失效将引起整体功能失效的现象,都可考虑用最弱环断裂模型。此种模型前述已进行了两次分析,这里用强度的观点再次分析。

设有一条由 n 个环组成的链,两端受力为 x,如图 3-7 所示。

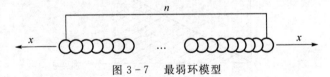

图 3-7　最弱环模型

其中,x 表示加在环上的外力;γ 表示环的最小强度。

以 X 表示一个环的强度,X 是随机量。设 $X > x$ 时环不断,$X \leqslant x$ 就断裂,因此一个环断裂的概率为

$$F(x) = p(X \leqslant x) = 1 - p(X \geqslant x)$$

链若不断必须每个环都不断,而每个环断与否是独立的事件,按概率乘法定理,链可使用的概率为

$$[p(X > x)]^n = [1 - F(x)]^n$$

由于 $F(x)$ 是介于 $0 \sim 1$ 之间和增函数,$1 - F(x)$ 便为 $0 \sim 1$ 之间的减函数。具有此种性质的函数是多种多样的,而常用的形式是指数形式。因此,我们假定函数 $1 - F(x)$ 的形式为

$$1 - F(x) = \mathrm{e}^{-g(x)}, \quad g(x) \geqslant 0 \tag{3.54}$$

由于当 $x_1 \leqslant x_2$ 时,$F(x_1) \leqslant F(x_2)$ 即增函数,所以有

$$\mathrm{e}^{-g(x_1)} \geqslant \mathrm{e}^{-g(x_2)}$$

则 $g(x_1) \leqslant g(x_2)$ 为增函数。

今设一个 γ 为环的最低强度,当 $x < \gamma$ 时环不断,即当 $x < \gamma$ 时,有

$$F(x) = p(X \leqslant x) = 0, \quad (\text{故障为 } 0)$$

从而有

$$\mathrm{e}^{-g(x)} = 1, \quad g(x) = 0$$

即需要满足条件:

$$g(x) \begin{cases} \geqslant 0, & x \geqslant \gamma \\ = 0, & x < \gamma \end{cases}$$

当上述条件的非负单调递增函数 $g(x)$ 的简单形式常用幂函数给出时($m > 0$),即

$$g(x) = \begin{cases} \left(\dfrac{x - \gamma}{x_0} \right)^m, & x \geqslant \gamma \\ 0, & x < \gamma \end{cases}$$

$$F(x) = \begin{cases} 1 - \mathrm{e}^{-\left(\frac{x - \gamma}{x_0} \right)^m}, & x \geqslant \gamma \\ 0, & x < \gamma \end{cases} \tag{3.55}$$

微分后得

$$f(x) = \begin{cases} \dfrac{m}{x_0} \left(\dfrac{x - \gamma}{x_0} \right)^{m-1} \mathrm{e}^{-\left(\frac{x - \gamma}{x_0} \right)^m}, & x \geqslant \gamma \\ 0, & x < \gamma \end{cases} \tag{3.56}$$

式(3.55)即为著名的威布尔分布,也就是说,常用的威布尔分布是一种强度可靠性物理模型。

7. 动力学断裂模型

断裂力学理论已成功地应用到机械构件的设计、使用与维修中。世界各国的导弹设计已用断裂力学方法代替了传统的强度方法。为了评定导弹强度的可靠性,已形成了可靠性断裂力学新学科。描述断裂强度的故障理论,已成为人们重视的问题。这里介绍一种描述断裂故障的数学模型。这一模型,无疑是以断裂力学理论为基础的。

设 $X(t)$,$x(t)$ 分别为载荷谱和应力谱;X_{max},x_{max} 分别为极限载荷、极限应力,按照载荷同应力成正比的关系,有

$$x(t) = AX(t), \quad x_{max} = AX_{max}$$

设材料在某一瞬间的缺陷(裂纹)尺寸为 $l(t)$,按照断裂力学的裂纹公式,扩展速率为

$$\frac{\mathrm{d}l(t)}{\mathrm{d}t} = c\,(\Delta k_1)^n = c\,\left[x(t)\sqrt{\pi l(t)}\right]^n = c\,(\sqrt{\pi})^n\left[x(t)\right]^n\left[l(t)\right]^{\frac{n}{2}}$$

其中,c,n 为材料常数。

令
$$m = n/2, \quad B = c\,(\sqrt{\pi})^n = c\,(\sqrt{\pi})^{2m}$$

得
$$\frac{\mathrm{d}l(t)}{\mathrm{d}t} = B\,\left[x(t)\right]^{2m}\left[l(t)\right]^m \tag{3.57}$$

移项得

$$\left[l(t)\right]^{-m}\mathrm{d}l(t) = B\,\left[x(t)\right]^{2m}\mathrm{d}t$$

两边积分,得

$$\int_{l(t_0)}^{l(t)}\left[l(t)\right]^{-m}\mathrm{d}l(t) = B\int_{t_0}^{t}\left[x(t)\right]^{2m}\mathrm{d}t \tag{3.58}$$

式(3.58)右边不易积分,但根据数值积分思想可写为

$$B\int_{t_0}^{t}\left[x(t)\right]^{2m}\mathrm{d}t = c_1\,(x_{max})^{2m}(t - t_0) \tag{3.59}$$

式(3.58)左边积分,得

$$\int_{l(t_0)}^{l(t)}\left[l(t)\right]^{-m}\mathrm{d}l(t) = \left\{\left[l(t_0)\right]^{1-m} - \left[l(t)\right]^{1-m}\right\}/(m-1) \tag{3.60}$$

把式(3.59)和式(3.60)代入式(3.58),得

$$\left[l(t_0)\right]^{1-m} - \left[l(t)\right]^{1-m} = (m-1)c_1\,(x_{max})^{2m}(t - t_0) \tag{3.61}$$

应力强度因子 Δk_1 的公式为

$$\Delta k_1 = Y(t)\sqrt{\pi l(t)}$$

式中,$Y(t)$ 为剩余强度。则

$$l(t) = \frac{\Delta k_1^2}{Y(t)^2\pi}$$

把 $l(t)$ 代入式(3.61)整理得

$$Y(t) = \left\{\left[Y(t_0)\right]^{2(m-1)} - (m-1)D\,x_{max}^{2m}(t - t_0)\right\}^{\frac{1}{2(m-1)}} \tag{3.62}$$

式中

$$D = \frac{c_1}{\pi^{m-1}}\Delta k_1^{2(m-1)}$$

式(3.62)即为剩余强度随时间 t 和初始强度 $Y(t_0)$ 的变化公式。由最弱环故障模型知,初始强度 $Y(t_0)$ 服从具有形状参数 α_0 及尺度参数 y_0 的两参数威布尔分布。初始强度 $Y(t_0)$ 的可靠函数为

$$R_{Y(t_0)}(y) = p[Y(t_0) > y] = \exp\left(-\frac{y}{y_0}\right)^{\alpha_0}$$

任一时刻 t 的剩余强度 $Y(t)$ 的可靠度函数为

$$R_{Y(t)}(y) = p[Y(t) > y] = p\{[Y(t)]^{2(m-1)} > y^{2(m-1)}\} \tag{3.63}$$

将式(3.63)右端的不等号两边同加 $(m-1)Dx_{\max}^{2m}(t-t_0)$ 项,得

$$R_{Y(t)}(y) = p\{Y(t_0)^{2(m-1)} > \{y^{2(m-1)} + [(m-1)Dx_{\max}^{2m}(t-t_0)]\}\} \tag{3.64}$$

由式(3.63)和式(3.64)得

$$R_{Y(t)}(y) = \exp\left\{-\left[\frac{y^{2(m-1)} + (m-1)Dx_{\max}^{2m}(t-t_0)}{y_0^{2(m-1)}}\right]^{\alpha_f}\right\} \tag{3.65}$$

式中

$$\alpha_f = \frac{\alpha_0}{2(m-1)}$$

在时刻 t,剩余强度 $Y(t)$ 比极限设计应力 $x_{\max}$ 大的概率为

$$R_{Y(t)}(x_{\max}) = p[Y(t) > x_{\max}] = \exp\left\{-\left[\frac{x_{\max}^{2(m-1)}}{y_0^{2(m-1)}} + \frac{(m-1)Dx_{\max}^{2m}(t-t_0)}{y_0^{2(m-1)}}\right]^{\alpha_f}\right\} =$$

$$\exp\left\{-\left\{\frac{t}{y_0^{2(m-1)}/(m-1)Dx_{\max}^{2m}} + \left(\frac{x_{\max}}{y_0}\right)^{2(m-1)}[1-(m-1)Dx_{\max}^2 t_0]\right\}^{\alpha_f}\right\} \tag{3.66}$$

一般取 $t_0 = 0$, $x_{\max}/y_0 < 1$,当 t 充分大时,即使用时间充分长时,得

$$R_{Y(t)}(x_{\max}) = p[Y(t) > x_{\max}] = \exp\left[-\left(\frac{t}{\beta}\right)^{\alpha_f}\right] \tag{3.67}$$

式中

$$\beta = \frac{y_0^{2(m-1)}}{(m-1)Dx_{\max}^{2m}} = 常数$$

式(3.67)说明,当初始强度 $Y(t_0)$ 的可靠度函数为具有形状参数 α_0 和尺度参数 y_0 的双参数威布尔分布时,其裂纹扩展的剩余强度 $Y(t)$ 随时间变化的可靠度函数亦为双参数的威布尔分布函数,其形状参数为 α_f,而尺度参数为 β。

8. 比例效应模型

导弹元件材料虽然大多数是高质量的,但加工裂纹或瑕疵,以及杂质和空穴等都是存在的,并且在某些环境下数目会逐渐增大。例如弹体贮箱底的贮存裂纹,随着贮存时间逐渐增多,在一定的受力状态下,某个阶段数量的增加,正比于前个阶段的数量。这种情况下,可用比例故障模型来评定其可靠度。

若初始数量为 x_0(例如裂纹初始长度的数值),第 i 个阶段中数量的增加量(变化量)为 $(x_i - x_{i-1})$,第 i 阶段的增加量正比于前个阶段时的数量,即

$$x_i - x_{i-1} = \delta_i x_{i-1} \quad (i=1,2,\cdots,n) \tag{3.68}$$

式中,δ_i 为独立随机变量。

式(3.68)移项即得

$$x_i = (1+\delta_i)x_{i-1} \tag{3.69}$$

此式可递推得到

$$x_i = (1 + \delta_i)(1 + \delta_{i-1}) \cdots (1 + \delta_1) x_0 \tag{3.70}$$

对式(3.70)两边取对数得

$$\ln x_i = \ln(1 + \delta_i) + \ln(1 + \delta_{i-1}) + \cdots + \ln(1 + \delta_1) + \ln x_0$$

第 n 阶段数量 x_n 的对数 $\ln x_n$ 为很多随机量 $(1 + \delta_i)$ 的对数和,根据中心极限定理知其渐近于正态分布,而 x_n 则渐近于对数正态分布,则

$$f(x) = \frac{1}{\sqrt{2\pi}\,\sigma x} e^{-(\ln x - \mu)^2 / 2\sigma^2}, \quad x > 0 \tag{3.71}$$

已知密度函数 $f(x)$,可靠度可由下式求出:

$$R(x) = \int_0^x f(x) \mathrm{d}x$$

9. 突发性故障模型

突发性故障的发生原因和机制,已在 3.1 节作了详细阐述,突发性故障通常是偶然发生的,是设备正常工作期间随机发生的故障。随机故障的可靠度函数服从失效率为常数的指数分布,即 $R(t) = e^{-\lambda t}$。即使组成系统的单元(元件、部件)的故障率并不是常数,但由于众多的元件组成系统后相互混杂和反复更替,整个系统的失效率就可以大致上认为是一个常数。

如果故障时间间隔是一个参数为 θ($\theta = \frac{1}{\lambda}$ 为平均时间)的指数分布随机变量,则在长为 t 的时间区间内观察到的故障数为 γ,是一个参数为 t/θ 的 Poisson 分布的随机变量,亦即如果

$$f(x) = \frac{1}{\theta} e^{-x/\theta}, \quad x > 0$$

式中,x 为故障间隔时间随机变量,则对于一个长为 t 时间的区间内,发生 γ 个故障的概率为

$$p[N(t) = \gamma] = \frac{(t/\theta) \exp(-t/\theta)}{\gamma!} \tag{3.72}$$

下面证明这一定理。令:$N(t)$ 为在时间区间 $[0, t]$ 内发生的故障数;T_γ 为发生第 γ 次故障的时间。

注意到 $N(t) < \gamma$,只有当 $T_\gamma > t$ 时,才有

$$p[N(t) < \gamma] = p(T_\gamma > t)$$

或

$$p[N(t) < \gamma + 1] = p(T_{\gamma+1} > t)$$

因此

$$p[N(t) = \gamma] = p(T_{\gamma+1} > t) - p(T_\gamma > t) = [1 - p(T_{\gamma+1} \leqslant t)] - [1 - p(T_\gamma \leqslant t)] =$$
$$p(T_\gamma \leqslant t) - p(T_{\gamma+1} \leqslant t) = F_{T_\gamma}(t) - F_{T_{\gamma+1}}(t)$$

但

$$T_\gamma = x_1 + x_2 + \cdots + x_\gamma$$

式中,x_i 为发生 i 次故障的时间间隔,它们均为独立的指数分布。

根据随机冲击模型可推出

$$f(T_\gamma) = \frac{\frac{1}{\theta} e^{-T_\gamma/\theta} \left(\frac{1}{\theta} T_\gamma\right)^{\gamma-1}}{(\gamma - 1)!}, \quad T_\gamma \geqslant 0 \tag{3.73}$$

积分得

$$F_{T_\gamma}(t) = \int_0^t \frac{\frac{1}{\theta}\mathrm{e}^{-T_\gamma/\theta}\left(\frac{1}{\theta}T_\gamma\right)^{\gamma-1}}{(\gamma-1)!}\mathrm{d}T_\gamma = \frac{1}{\theta^\gamma}\frac{1}{(\gamma-1)!}\int_0^t T_\gamma^{\gamma-1}\mathrm{e}^{-T_\gamma/\theta}\mathrm{d}T_\gamma \qquad (3.74)$$

再利用分布积分得

$$F_{T_\gamma}(t) = -\mathrm{e}^{-t/\theta}\left[\frac{1}{(\gamma-1)!}\left(\frac{t}{\theta}\right)^{\gamma-1} + \frac{1}{(\gamma-2)!}\left(\frac{t}{\theta}\right)^{\gamma-2} + \cdots + 1\right] + 1$$

和

$$F_{T_{\gamma+1}}(t) = -\mathrm{e}^{-t/\theta}\left[\frac{1}{\gamma!}\left(\frac{t}{\theta}\right)^\gamma + \frac{1}{(\gamma-1)!}\left(\frac{t}{\theta}\right)^{\gamma-1} + \cdots + 1\right] + 1$$

由此得

$$p\{N(t)=\gamma\} = F_{T_\gamma}(t) - F_{T_{\gamma+1}}(t) = -\mathrm{e}^{-t/\theta}\left[-\frac{1}{\gamma!}\left(\frac{t}{\theta^\gamma}\right)^\gamma\right] = \frac{(t/\theta^\gamma)^\gamma \mathrm{e}^{-t/\theta}}{\gamma!} \qquad (3.75)$$

这就得到了参数为 t/θ 的 Poisson 分布。

因此,对于任何区间 $[0,t]$,如果突发性故障的故障前时间为参数 θ 的指数分布,则在区间 $[0,t]$ 内发生 γ 次故障的概率服从参数为 t/θ 的 Poisson 分布。

3.2　导弹构件随机变量常用分布

3.2.1　正态分布

正态分布又称为高斯(Gauss)分布,它是一切随机现象的概率分布中最常见和应用最广泛的一种分布。正态分布随机变量 X 的概率密度函数(见图 3-8)为

$$f(x) = \frac{1}{\sigma\sqrt{2\pi}}\exp\left[-\frac{1}{2}\left(\frac{x-\mu}{\sigma}\right)^2\right] \qquad (-\infty < x < +\infty) \qquad (3.76)$$

式中　μ——数学期望$(-\infty < \mu < +\infty)$;

　　　σ——母体标准差$(\sigma > 0)$。

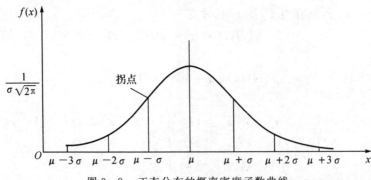

图 3-8　正态分布的概率密度函数曲线

正态分布记为 $X \sim N(\mu,\sigma^2)$,其累积分布函数和失效率为

$$F(x) = P(X \leqslant x) = \int_{-\infty}^x \frac{1}{\sigma\sqrt{2\pi}}\exp\left[-\frac{1}{2}\left(\frac{x-\mu}{\sigma}\right)^2\right]\mathrm{d}x \qquad (3.77)$$

$$\lambda(x) = \frac{f(x)}{R(x)} = \frac{f(x)}{1-F(x)} \tag{3.78}$$

正态分布具有如下主要特点：

（1）概率密度函数曲线具有对称性，均值处最大，在 $X=\mu\pm\sigma$ 处有拐点；给定方差，改变均值，曲线平移；给定均值，改变方差，曲线收放。

（2）失效率随时间递增，它描述了产品在使用期中，由于发生故障的因素在量上随时间而积累（如磨损、耗损、蜕化、变质等过程），在随机的某一时刻将发生故障。

（3）互为独立的正态随机变量失效概率具有可加性，即对于任意两个独立的正态分布变量 $X_1 \sim N(\mu_1, \sigma_1^2)$，$X_2 \sim N(\mu_2, \sigma_2^2)$，有

$$X = (X_1 + X_2) \sim N(\mu_1 + \mu_2, \sigma_1^2 + \sigma_2^2)$$

或

$$X = (X_1 - X_2) \sim N(\mu_1 - \mu_2, \sigma_1^2 + \sigma_2^2)$$

为了分析与计算的方便，实际应用中往往将正态分布转化为标准正态分布。所谓标准正态分布是指参数 $\mu=0$，$\sigma=1$ 的正态分布，记为 $N(0,1)$。正态分布的标准化转化可按下式进行：

$$Z = \frac{X-\mu}{\sigma} \tag{3.79}$$

标准正态分布 Z 的概率密度函数和累积分布函数分别为

$$\varphi(z) = \frac{1}{\sqrt{2\pi}} e^{-z^2/2} \quad (-\infty < z < +\infty) \tag{3.80}$$

$$\Phi(z) = \int_{-\infty}^{z} \frac{1}{\sqrt{2\pi}} e^{-z^2/2} \mathrm{d}z = P\{Z \leqslant z\} = F(x) \tag{3.81}$$

标准正态分布累积分布函数可利用标准正态分布表查询其分布函数的值。

正态分布的失效率属于耗损失效率，它可以很好地描述许多自然现象和各种物理性能。它适用于描述性能参数、应力、强度数据、测量误差等，因磨损、耗损、蜕化等原因发生故障的产品寿命，超额应力条件下工作时发生故障的时间。通常，当某参数受大量随机因素的影响，且所有因素的影响是相互独立的，每种因素的影响程度大致相当或很微小时，则可近似地认为该参数服从正态分布。

3.2.2 对数正态分布

若随机变量 X 的对数 $Y=\ln X$ 服从正态分布 $N(\mu, \sigma^2)$，则称 X 服从对数正态分布，其概率密度函数为

$$f(x) = \begin{cases} \dfrac{1}{x\sigma\sqrt{2\pi}} \exp\left[-\dfrac{1}{2}\left(\dfrac{\ln x - \mu}{\sigma}\right)^2\right] & (x>0, \sigma>0, -\infty<\mu<+\infty) \\ 0 & (x \leqslant 0) \end{cases} \tag{3.82}$$

对数正态分布概率密度函数 $f(x)$ 如图 3-9 所示，其函数曲线是单峰的且是偏态的。

对数正态分布的累积分布函数为

$$F(x) = P\{X \leqslant x\} = \int_0^x \frac{1}{x\sigma\sqrt{2\pi}} \exp\left[-\frac{1}{2}\left(\frac{\ln x - \mu}{\sigma}\right)^2\right] \mathrm{d}x \tag{3.83}$$

令 $z = \dfrac{\ln x - \mu}{\sigma}$，将式（3.83）转换为标准正态分布，即

$$F(x) = \Phi(z) = \Phi\left(\frac{\ln x - \mu}{\sigma}\right) = \int_{-\infty}^{z} \frac{1}{\sqrt{2\pi}} e^{-z^2/2} dz \tag{3.84}$$

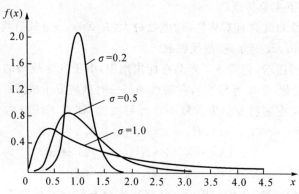

图 3-9 对数正态分布的密度函数曲线(当 $\mu = 0$ 时)

需要注意的是,以上各式中的 μ 和 σ 不是随机变量 X 的均值和标准差,而是其对数 $Y = \ln X$ 的均值和标准差,但它们之间是有联系的。对数正态分布的数字特征为

$$E(X) = e^{\mu + \sigma^2/2} \tag{3.85}$$

$$D(X) = e^{2\mu + \sigma^2}(e^{\sigma^2} - 1) \tag{3.86}$$

对数正态分布的可靠度和失效率函数分别为

$$R(t) = 1 - F(t) = \int_{t}^{+\infty} \frac{1}{t\sigma\sqrt{2\pi}} \exp\left[-\frac{1}{2}\left(\frac{\ln t - \mu}{\sigma}\right)^2\right] dt = 1 - \Phi\left(\frac{\ln t - \mu}{\sigma}\right) \tag{3.87}$$

$$\lambda(t) = \frac{f(t)}{R(t)} = \frac{\dfrac{1}{t\sigma\sqrt{2\pi}}\exp\left[-\dfrac{1}{2}\left(\dfrac{\ln t - \mu}{\sigma}\right)^2\right]}{\left[1 - \Phi\left(\dfrac{\ln t - \mu}{\sigma}\right)\right]} = \frac{\Phi\left(\dfrac{\ln t - \mu}{\sigma}\right)}{t\sigma\left[1 - \Phi\left(\dfrac{\ln t - \mu}{\sigma}\right)\right]} \tag{3.88}$$

由于对数变换可将较大的数缩小为较小的数,且愈大的数缩小程度愈大,这一特性可使较为分散的数据通过对数变换相对地集中起来,所以常把跨 n 个量级的数据用对数正态分布去拟合,如机械零件及材料的疲劳寿命大多数服从对数正态分布。

3.2.3 指数分布

若 X 是一个非负的随机变量,且概率密度函数(见图 3-10)为

$$f(x) = \begin{cases} \lambda e^{-\lambda x} & (x \geqslant 0, \lambda > 0) \\ 0 & (x < 0) \end{cases} \tag{3.89}$$

则称 X 服从参数为 λ 的指数分布。

指数分布的累积分布函数为

$$F(x) = P\{X \leqslant x\} = \int_{0}^{x} f(x) dx = \int_{0}^{x} \lambda e^{-\lambda x} dx = 1 - e^{-\lambda x} \quad (x \geqslant 0, \lambda > 0) \tag{3.90}$$

指数分布的数字特征为

$$E(x) = \frac{1}{\lambda} \tag{3.91}$$

$$D(x) = \frac{1}{\lambda^2} \tag{3.92}$$

指数分布的可靠度函数和失效率分别为

$$R(t) = \mathrm{e}^{-\lambda t} \tag{3.93}$$

$$\lambda(t) = \frac{f(t)}{1 - F(t)} = \lambda \tag{3.94}$$

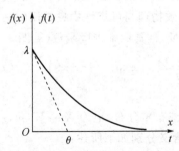

图 3-10　指数分布的密度函数曲线

指数分布具有如下主要特点：

(1) 指数分布失效率为常数，且和分布参数 λ 相等。一般产品平时多在偶然故障期（最佳使用期）工作，它要比浴盆曲线中的其他两个时期长得多。当产品进入偶然故障期后，偶然发生的故障数目只与工作的产品数目、时间长短和工作条件与外部条件有关。当产品数目较多，工作时间足够长（大于早期故障，尚未到耗损故障期），加给产品的应力一旦超过它的强度容许限时，便随机发生故障。经验证明，这时的故障率将接近常数，相对应的故障分布函数，即为指数分布。

(2) 指数分布的另一个性质是无记忆性。所谓无记忆性，是指产品经过一段时间 t_0 工作后，仍如同新的一样，不影响它将来的可靠性，即 t_0 时刻后的剩余寿命与 t_0 无关，且与原来的工作寿命具有相同的分布。若用条件概率表示，则可表达为

$$P\{(T \geqslant t_0 + t) \,|\, (T > t_0)\} = P(T \geqslant t) = \mathrm{e}^{-\lambda t} \tag{3.95}$$

式中，T 表示某产品的寿命是一个随机变量，事件 $(T \geqslant t_0)$ 表示该产品已工作了 t_0 时间。

式 (3.95) 第一个等号左边是一条件概率，表示在已工作 t_0 时间的条件下产品寿命 $T \geqslant t_0 + t$ 的概率，第一个等号右边表示产品寿命 $T \geqslant t$ 的概率，其数值是相等的。

可以证明，指数分布不仅具有无记忆性，而且具有无记忆性的分布一定是指数分布。

从指数分布的可靠度函数可以看出，指数分布的可靠度与泊松展开式的第一项完全相同，这说明若某产品在一定时间区间内的失效数服从泊松分布，则不发生失效的泊松分布函数与指数分布完全一致。这也意味着如果某产品的失效服从泊松分布，则它们不失效的工作寿命一定服从指数分布。泊松分布表明在一定的时间内发生多少次偶然故障的离散分布，而指数分布则表示到何时为止不发生失效的时间分布（连续分布）。

指数分布适用于具有恒定故障率的部件、无余度的复杂系统、在耗损故障前进行定时维修的产品、由随机高应力导致偶然故障的部件以及使用寿命期内出现的故障为弱耗损型的部件。一般认为电子产品、机电产品其寿命均为指数分布。指数分布是电子产品可靠性工程中最重要的分布，多数电子产品，包括大部分仪器仪表在内，在剔除早期失效以后，到发生元器件或材料的老化变质之前的随机失效阶段，其寿命服从指数分布。另外，由许多不同类型单元组成的复杂系统，尽管各组成单元的故障机理和模式不相同，甚至有一部分故障是非随机的（如

磨损),系统的故障率仍可近似为常数。

3.2.4　威布尔分布

威布尔分布是瑞典物理学家 W. Weibull 在分析材料强度及链条强度时推导出的一种分布函数。目前,威布尔分布是失效物理与可靠性中最常用的一类分布。

若 X 是一个非负的随机变量,且其概率密度函数(见图 3-11)为

$$f(x)=\begin{cases} \dfrac{m}{\eta}\left(\dfrac{x-\gamma}{\eta}\right)^{m-1}\exp\left[-\left(\dfrac{x-\gamma}{\eta}\right)^{m}\right] & (x\geqslant\gamma;m,\eta>0) \\ 0 & (x<\gamma) \end{cases} \tag{3.96}$$

则称 X 服从三参数 (m,η,γ) 的威布尔分布,记为 $X\sim W(m,\eta,\gamma;x)$。

威布尔分布中三个参数的含义分别如下所述:

(1)m 为形状参数,其大小决定了威布尔分布概率密度函数曲线的形状。当 $m>1$ 时,相应的概率密度函数曲线呈单峰性,且随 m 值的减小峰高逐渐降低;当 $m=2\sim4$ 时(尤其当 $m=3.2$ 时)接近于正态分布;当 $m=1$ 时,三参数威布尔分布的概率密度函数变成两参数指数分布的密度函数,此时概率密度函数曲线与在 $x=\gamma$ 处的垂线相交,交点处的纵坐标是 $1/\eta$;当 $m<1$ 时,概率密度函数曲线与在 $x=\gamma$ 处的垂线不相交,而是与它渐近。

(2)γ 为位置参数,其大小反映了威布尔分布概率密度函数曲线的起始点位置在横坐标轴上的变化,又称其为起始参数或转移参数;在寿命分析中,γ 具有极值的含义,表示产品在 $t=\gamma$ 以前不会失效,在其以后才会发生失效。因此,也称 γ 为最小保证寿命,也就是保证 $t=\gamma$ 以前不会失效。在威布尔分布的链条模型中,γ 表示链条最薄弱一环的强度(即链条的最低强度)。

(3)η 为尺度函数,是当 $\gamma=0$ 时威布尔分布的特征寿命。

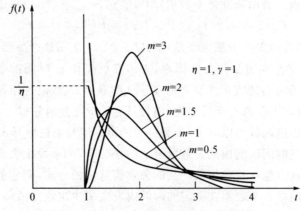

图 3-11　威布尔分布概率密度函数曲线

三参数威布尔分布的累积分布函数为

$$F(x)=P(X\leqslant x)=\int_{\gamma}^{x}\frac{m}{\eta}\left(\frac{x-\gamma}{\eta}\right)^{m-1}\exp\left[-\left(\frac{x-\gamma}{\eta}\right)^{m}\right]\mathrm{d}x=$$

$$1-\exp\left[-\left(\frac{x-\gamma}{\eta}\right)^{m}\right]\quad(x\geqslant\gamma) \tag{3.97}$$

三参数威布尔分布的数字特征为

$$E(X) = \gamma + \eta \Gamma \left(1 + \frac{1}{m}\right) \tag{3.98}$$

$$D(X) = \eta^2 \left[\Gamma \left(1 + \frac{2}{m}\right) - \Gamma^2 \left(1 + \frac{1}{m}\right) \right] \tag{3.99}$$

三参数威布尔分布的可靠度函数和失效率函数分别为

$$R(t) = 1 - F(t) = \exp \left[- \left(\frac{t-\gamma}{\eta}\right)^m \right] \quad (t \geqslant \gamma) \tag{3.100}$$

$$\lambda(t) = \frac{f(t)}{R(t)} = \frac{m}{\eta} \left(\frac{t-\gamma}{\eta}\right)^{m-1} \quad (t \geqslant \gamma) \tag{3.101}$$

类似于标准正态分布，也有标准威布尔分布的叫法。若 t 服从三参数威布尔分布，令

$$Y = \frac{t-\gamma}{\eta}$$

则称 Y 为标准威布尔分布。

标准威布尔分布的累积分布函数及概率密度函数分别为

$$F(y) = 1 - e^{-y^m}$$

$$f(y) = m y^{m-1} e^{-y^m}$$

从以上两式可以看出，标准威布尔分布只包含形状参数 m，即只有 m 才是标准威布尔分布中最有实质意义的参数。

威布尔分布除了以上表达式外，还可以表示成下面的形式。若令 $\eta^m = t_0$，则三参数威布尔分布的概率特征可表示如下：

$$f(t) = \begin{cases} \dfrac{m}{t_0} (t-\gamma)^{m-1} \exp \left[- \left(\dfrac{t-\gamma}{t_0}\right)^m \right] & (t \geqslant \gamma; m, t_0 > 0) \\ 0 & (t < \gamma) \end{cases} \tag{3.102}$$

$$F(t) = 1 - \exp \left[- \left(\frac{t-\gamma}{t_0}\right)^m \right] \quad (t \geqslant \gamma) \tag{3.103}$$

$$R(t) = \exp \left[- \left(\frac{t-\gamma}{t_0}\right)^m \right] \quad (t \geqslant \gamma) \tag{3.104}$$

$$\lambda(t) = \frac{m}{t_0} (t-\gamma)^{m-1} \quad (t \geqslant \gamma) \tag{3.105}$$

$$E(T) = \gamma + t_0^{1/m} \Gamma \left(1 + \frac{1}{m}\right) \tag{3.106}$$

$$D(T) = t_0^{2/m} \left[\Gamma \left(1 + \frac{2}{m}\right) - \Gamma^2 \left(1 + \frac{1}{m}\right) \right] \tag{3.107}$$

一般说来，从产品开始使用时就存在故障概率。因此，在利用威布尔分布衡量可靠度时，$\gamma = 0$ 的情况比较多，即使 $\gamma \neq 0$，也可以通过坐标转换使其位置参数等于零。于是三参数威布尔分布就可以转换为两参数威布尔分布，其概率密度函数可表示为

$$f(t) = \begin{cases} \dfrac{m}{\eta} \left(\dfrac{t}{\eta}\right)^{m-1} \exp \left[- \left(\dfrac{t}{\eta}\right)^m \right] & (t \geqslant 0; m, \eta > 0) \\ 0 & (t < \gamma) \end{cases} \tag{3.108}$$

从威布尔分布失效率函数可以看出，当 $m > 1$，$m = 1$ 和 $m < 1$ 时，该分布分别对应失效率随时间呈递减、恒定、递增三种情况，适用于浴盆曲线的三个故障期。因此，威布尔分布对各种类型试验数据拟合的能力很强，其应用范围十分广泛。实践证明，凡是由某一局部发生故障就

会引起系统全部功能停止的产品寿命分布均可以用威布尔分布进行分析。如果说指数分布常用来描述系统的寿命的话,那么威布尔分布则常用来描述零件的寿命,例如零件的疲劳失效、轴承失效等寿命分布等。

3.2.5 极值分布

极值分布是由威布尔分布经过一个简单的变换得到的,它的取值在$(-\infty, +\infty)$上,不是相应于非负随机变量的寿命分布。但是,有时处理极值分布比威布尔分布容易,因此本节对极值分布作简单介绍。

极值分布共分三种类型,即 Ⅰ 型极值分布、Ⅱ 型极值分布和 Ⅲ 型极值分布,本节仅介绍 Ⅰ 型极值分布。Ⅰ 型极值分布又可分为 Ⅰ 型极大值分布和 Ⅰ 型极小值分布,多用于研究一个变量出现最大值或出现最小值的现象,例如,在串联系统中的"最薄弱" 元件;在并联(冗余)系统中的"最强" 元件。

1. Ⅰ 型极大值分布

Ⅰ 型极大值分布的概率密度函数(见图 3 - 12) 和分布函数分别为

$$f(x) = \frac{1}{\theta} \exp\left(-\frac{x-\delta}{\theta}\right) \exp\left[-\exp\left(-\frac{x-\delta}{\theta}\right)\right] \quad (-\infty < x, \delta < +\infty) \quad (3.109)$$

$$F(x) = \exp\left[-\exp\left(-\frac{x-\delta}{\theta}\right)\right] \quad (-\infty < x, \delta < +\infty) \quad (3.110)$$

式中　δ—— 极值分布的位置参数或转移参数;

　　　θ—— 极值分布的尺度参数。

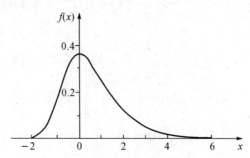

图 3 - 12　极大值分布的密度函数曲线(当 $\delta = 0, \theta = 1$ 时)

若令 $z = \dfrac{X-\delta}{\theta}$(变量 X 为 Ⅰ 型极大值分布),则变量 z 称为标准极值分布,其概率密度函数和累积分布函数如下:

$$f(z) = e^{-z} \cdot e^{-e^{-z}} \quad (-\infty < z < +\infty) \quad (3.111)$$

$$F(z) = e^{-e^{-z}} \quad (-\infty < z < +\infty) \quad (3.112)$$

标准极大值分布与分布参数无关,标准极大值分布的期望为

$$E(z) = \int_{-\infty}^{+\infty} zf(z)dz = \int_{-\infty}^{+\infty} ze^{-z} \cdot e^{-e^{-z}} dz = \int_{+\infty}^{0} (-\ln y) \cdot y \cdot e^{-y}\left(-\frac{1}{y}\right)dy =$$

$$-\int_{0}^{+\infty} \ln y \cdot e^{-y}dy = \gamma \approx 0.577\ 215\ 7 \quad (3.113)$$

式中,$y = e^{-z}$;γ 是上式积分所得的一个常数,称为欧拉(Euler) 常数。

类似可得标准极大值分布变量的二阶矩为

$$E(z^2) = \gamma^2 + \frac{\pi^2}{6} \approx 1.978\ 11 \qquad (3.114)$$

因此,标准极大值分布的方差为

$$D(z) = E(z^2) - E^2(z) = \frac{\pi^2}{6} \approx 1.644\ 93 \qquad (3.115)$$

由标准极大值分布的数字特征可进一步得到极大值分布的数字特征,即

$$E(X) = E(\delta + z\theta) = \delta + \theta E(z) = \delta + \theta\gamma \approx \delta + 0.577\ 22\theta \qquad (3.116)$$

$$D(X) = E(X^2) - E^2(X) = \frac{\pi^2}{6}\theta^2 \approx 1.644\ 93\theta^2 \qquad (3.117)$$

2. Ⅰ 型极小值分布

Ⅰ 型极小值分布的概率密度函数(见图 3 - 13)和分布函数分别为

$$f(x) = \frac{1}{\theta}\exp\left(\frac{x-\delta}{\theta}\right) \cdot \exp\left[-\exp\left(\frac{x-\delta}{\theta}\right)\right] \quad (-\infty < x < +\infty, -\infty < \delta < +\infty, 0 < \theta < +\infty)$$

$$\qquad (3.118)$$

$$F(x) = 1 - \exp\left[-\exp\left(\frac{x-\delta}{\theta}\right)\right] \quad (-\infty < x < +\infty, -\infty < \delta < +\infty, 0 < \theta < +\infty)$$

$$\qquad (3.119)$$

式中　δ —— 位置参数;

　　　θ —— 尺度参数。

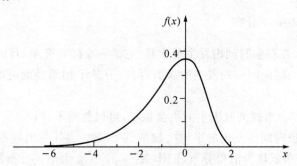

图 3 - 13　极小值分布的密度函数曲线(当 $\delta = 0$, $\theta = 1$ 时)

若令 $z = \dfrac{X-\delta}{\theta}$(变量 X 为 Ⅰ 型极小值分布),则称变量 X 为标准 Ⅰ 型极小值分布,其概率密度函数和累积分布函数分别为

$$f(z) = e^z \cdot e^{-e^z} \quad (-\infty < z < +\infty) \qquad (3.120)$$

$$F(z) = 1 - e^{-e^z} \quad (-\infty < z < +\infty) \qquad (3.121)$$

标准极小值分布与分布参数无关,其数字特征为

$$E(z) = -\gamma \approx -0.577\ 215\ 7\cdots \qquad (3.122)$$

$$D(z) = \frac{\pi^2}{6} \approx 1.644\ 93 \qquad (3.123)$$

由标准极小值分布的数字特征可进一步得到极小值分布的数字特征,即

$$E(X) = E(\delta + z\theta) = \delta + \theta E(z) = \delta - \theta\gamma \approx \delta - 0.577\ 22\theta \qquad (3.124)$$

$$D(X) = \frac{\pi^2}{6}\theta^2 \approx 1.644\ 93\theta^2 \tag{3.125}$$

前面提到,极值分布是由威布尔分布经过简单变换得到的,以 Ⅰ 型极小值分布为例,它们之间的关系如下。

设 T 为两参数威布尔分布 $T \sim W(m, \eta; t)$,则

$$Z = \ln T \sim F\left(\frac{z-\mu}{\sigma}\right)$$

其中,$F(\cdot)$ 由式(3.121)给出,是标准极小值分布,而

$$\mu = \ln\eta, \quad \sigma = \frac{1}{m} > 0$$

反之,若 $Z \sim F\left(\frac{z-\mu}{\sigma}\right)$,其中 $-\infty < \mu < +\infty, \sigma > 0$,则

$$T = e^Z \sim W(m, \eta; t)$$

其中

$$\eta = e^\mu, \quad m = \frac{1}{\sigma}$$

极值分布是位置尺度型的,即若 X 有分布函数 $F(x)$,则 $Z = \sigma X + \mu, Z \sim F\left(\frac{x-\mu}{\sigma}\right)$。极值分布的这种性质使其统计问题的处理比对威布尔分布的要简单。由于极值分布与威布尔分布之间的密切联系,以及有关其统计问题处理的方便性,因此,极值分布在可靠性统计分析中是一个很有用的分布。

3.2.6   泊松(Poisson)分布

若 X 表示事件 A 在单位时间内发生的次数,它是一个随机变量,且满足以下三个假定:

(1)事件 A 在任一时间间隔内发生的次数,与在另外不相重叠的时间间隔内发生的次数是独立无关的;

(2)有两个或更多个事件同时发生的机会很小,可以忽略不计;

(3)事件 A 在单位时间内发生的平均次数是一个常数,并不随时间的变化而改变。

那么 X 的概率分布就称为泊松分布,记作 $X \sim p(\mu)$,μ 为泊松分布的参数($\mu > 0$),则

$$P\{X = k\} = \frac{\mu^k e^{-\mu}}{k!} \quad (k = 0, 1, \cdots, n)$$

泊松分布实际上是当 n 为无限大且 $np = \mu(\mu > 0)$ 为常数时二项分布 $B(n, p)$ 的极限分布,它可由泊松定理加以证明。

泊松定理   设随机变量 $X_n(n = 1, 2, \cdots)$ 服从二项分布,其分布规律为

$$P\{X_n = k\} = C_n^k p_n^k (1 - p_n)^{n-k} \quad (k = 0, 1, \cdots, n)$$

式中,概率 p_n 是与 n 有关的数,又设 $np_n = \mu > 0$ 是常数($n = 1, 2, \cdots$),则有

$$\lim_{n \to +\infty} P\{X_n = k\} = \lim_{n \to +\infty} C_n^k p^k (1 - p_n)^{n-k} = \frac{\mu^k e^{-\mu}}{k!} \quad (k = 0, 1, \cdots, n) \tag{3.126}$$

显然,定理的条件 $np_n = \mu > 0$ 是常数,意味着当 n 很大时 p_n 必定很小。据此,泊松定理表明,当 n 很大且 p 很小时,有

$$C_n^k p^k (1 - p_n)^{n-k} \approx \frac{\mu^k e^{-\mu}}{k!} \tag{3.127}$$

式中, $\mu = np$, 是随机变量 X 的均值。

可见, 当 n 很大且 p 很小时, 可用泊松分布近似代替二项分布。一般地, 当 $n > 50$, $p < 0.1$ 时, 近似程度较好。

泊松分布的累积分布函数为

$$F(X) = P\{X \leqslant k\} = \sum_{r=0}^{k} \frac{\mu^r e^{-\mu}}{r!}$$

泊松分布的均值和方差分别为

$$E(X) = \sum_{k=0}^{n} kP\{X = k\} = \mu \tag{3.128}$$

$$D(X) = \sum_{k=0}^{n} [k - E(X)]^2 P\{X = k\} = \mu \tag{3.129}$$

在可靠性问题研究中, 常把泊松分布和时间联系起来, 这种与时间有关的泊松分布称为泊松流。将以上的 μ 用 λt 代替, 就变成了在一定时间范围 $(0, t)$ 内必须处理的故障问题, 即得产品在 t 时刻发生 r 个故障的概率, 可写为

$$\begin{cases} f(r) = \dfrac{(\lambda t)^r e^{-\lambda t}}{r!} \\ F(c) = \displaystyle\sum_{r=0}^{c} \dfrac{(\lambda t)^r e^{-\lambda t}}{r!} \end{cases}$$

泊松分布是一个重要的分布, 特别是它与指数分布之间有着密切的关系。首先, 泊松分布第一项即为指数分布, 它表示失效率为常数的单一元件或无冗余元件的系统不失效的概率; 其次, 如果某产品的失效次数服从泊松分布, 则不失效的工作寿命一定服从指数分布; 最后, 泊松分布表明一定时间内发生多少次偶然故障的离散分布, 指数分布表示到何时为止不发生失效的时间分布 (连续分布)。

3.2.7　其他常用分布

1. 0-1 分布与二项分布

0-1 分布又称两点分布。该分布数学模型的随机试验只可能有两种试验结果, 若其中一种结果用 $\{X = 1\}$ 来表示, 另一种用 $\{X = 0\}$ 来表示, 而它们的概率分布是 $P\{X = 1\} = p$, $P\{X = 0\} = 1 - p$, $0 < p < 1$, 则称随机变量 X 服从 0-1 分布, 或称 X 具有 0-1 分布。

0-1 分布的分布列或分布律可写为

$X = x_k$	1	0
$P\{X = x_k\} = p_k$	p	$1 - p$

也可表示为

$$\left. \begin{array}{l} P\{X = x_k\} = p^{x_k} \cdot q^{(1 - x_k)}, \quad x_k = 0, 1 \\ p + q = 1 \\ 0 < p < 1 \end{array} \right\} \tag{3.130}$$

0-1 分布的数字特征为

$$E(X) = 1 \cdot p + 0 \cdot q = p \tag{3.131}$$

$$D(X) = p - p^2 = p(1-p) = pq \tag{3.132}$$

0-1分布可以作为描绘从一批产品中任意抽取一件得到的是"合格品"或"不合格品"的概率分布的数学模型。

二项分布又称为贝努里(Beroulli)分布。在介绍二项分布之前,先介绍一下独立试验序列及贝努里试验。

将试验重复做 n 次,若各次试验的结果互不影响,即每次试验结果出现的概率都与其他各次试验结果无关,则称这 n 次试验是独立的,并称它们构成一个独立试验序列。

设每次试验只有两种可能的结果,如"成功"或"失败","抽到合格品"或"抽到不合格品"等。两种相反的试验结果分别记为 A 与 $\bar{A}$,且 $P(A) = p, P(\bar{A}) = 1-p = q(0 < p < 1)$,若将试验独立地重复进行 n 次,则称这样的独立试验序列为贝努里试验。

若以 X 表示在 n 重独立试验中事件 A 发生的次数,则 X 是一个随机变量,它的可能取值为 $0, 1, 2, \cdots, k, \cdots, n$,这时 X 所服从的概率分布称为二项分布,记为 $X \sim B(n, p)$ 或 $X \sim B(n, k, p)$。n 重独立试验中事件 A 发生 k 次的概率为

$$P\{X = k\} = C_n^k p^k (1-p)^{n-k} \quad (k = 0, 1, \cdots, n) \tag{3.133}$$

式(3.133)恰好是二项式 $(q+p)^n$ 展开式的第 $k+1$ 项,故上式也称为二项式概率公式。且有

$$\sum_{k=0}^{n} P\{X = k\} = \sum_{k=0}^{n} C_n^k p^k (1-p)^{n-k} = (q+p)^n = 1 \tag{3.134}$$

当 $n = 1$ 时,二项分布退化为0-1分布,即

$$P\{X = k\} = p^k q^{(1-k)} \quad (k = 0, 1)$$

二项分布的数字特征为

$$E(X) = \sum_{k=0}^{n} kP\{X = k\} = np \tag{3.135}$$

$$D(X) = \sum_{k=0}^{n} [k - E(X)]^2 P\{X = k\} = np(1-p) \tag{3.136}$$

二项分布适用于产品只有成功或失败两种试验状态,多用于不可修复的一次使用产品(如火箭发动机、电爆管等),也可适用于某些产品的其他特性,判别满足要求或不满足要求(如导弹的发射成功或失败、导弹测试合格或不合格等)。有时故障发生时间未知或不能肯定时,也可用二项分布求可靠性指标。

除此以外,二项分布还经常用在产品的质量验收中用来进行抽样验收方案的设计、可靠性试验和可靠性设计。在可靠性设计中,常用于相同单元平行工作的冗余系统的可靠性指标的计算、检验或可靠性抽样检验中用来设计抽样检验方案。在可靠性抽样中,在一定意义下,确定 n 个抽样样本中所允许的不合格品数,就需要二项分布来计算。

使用二项分布有一个前提条件,即要求总体数目较大,然而在工程实际中,大量的问题都不能满足此条件。因此,在使用二项分布时需持慎重态度。

2. 几何分布与负二项分布

二项分布是在事先给定的 n 次独立试验(n 重贝努里试验)中观察成功或失效的次数,但在工程中经常遇到这样一类截尾试验,即当试验中成功或失效的次数达到规定值时终止试

验。这时,试验的总次数不能预先给定,是一个随机变量,其概率分布就是几何分布和负二项分布。

若每次试验失败的概率为 p,成功的概率为 $q=1-p$,当失败次数 $c=1$ 时停止试验,令试验的总次数为 X,其概率分布列应为

$$P\{X=k\}=q^{k-1}p \quad (k=1,2,\cdots) \tag{3.137}$$

这时,称随机变量 X 服从几何分布。

几何分布有时称为"离散型等候时间分布",即"一直等到出现第一次失败为止这样的等候试验次数的分布",是用来描述某个试验"首次成功"的概率模型。

几何分布的数字特征为

$$E(X)=\frac{1}{p} \tag{3.138}$$

$$D(X)=\frac{q}{p^2} \tag{3.139}$$

若预先要求的失败次数 $c>1$ 时停止试验,则试验的总次数 X 服从负二项分布。若失败的概率为 p,而成功的概率为 $q=1-p$,则试验总次数 X 的概率分布列应为

$$P\{X=k\}=C_{k-1}^{c-1}p^c q^{k-c} \quad (c=1,2,\cdots;k=c,c+1,\cdots) \tag{3.140}$$

此负二项概率分布又称为 Pascal 分布。

负二项分布的数字特征为

$$E(X)=\frac{c}{p} \quad (c=1,2,\cdots) \tag{3.141}$$

$$D(X)=\frac{cq}{p^2} \quad (c=1,2,\cdots) \tag{3.142}$$

负二项分布的累积分布具有如下性质,即

$$P\{X\leqslant n\}=\sum_{k=c}^{n}C_{k-1}^{c-1}p^c q^{k-c}=\sum_{k=c}^{n}C_n^k p^k q^{n-k} \tag{3.143}$$

由此可知,计算负二项分布的概率时可利用二项分布的数值表。

3. 超几何分布

二项分布要求母体容量 N 比抽出的子样容量 n 大很多,当该条件不满足时,往往用超几何分布。

超几何分布常应用于较小生产规模的抽样问题。如果已知母体容量 N 中有 r 个废品,然后随机地从 N 个产品中抽出 n 个,则 n 个抽出的产品中不合格品数 X 服从超几何分布,其分布列为

$$P\{X=k\}=\frac{C_r^k C_{N-r}^{n-k}}{C_N^n} \quad (k=1,2,\cdots,n;\ n\leqslant r) \tag{3.144}$$

当 r/N 及 n/N 的数值很小时,超几何分布很接近于二项分布。例如,当 $n/N\leqslant 0.1$ 时,超几何分布就与二项分布有很好的近似。

4. 截尾正态分布

在工程实际中,虽然正态分布可以广泛地用于对试验或观察数据的拟合,但正态分布是对称的,其随机变量的取值是 $(-\infty,+\infty)$ 的整个数轴,而实际的很多试验或观察数据并非对称。例如某些航空和航天产品,在生产出来之后要进行预定的应力试验,根据试验剔除有缺陷

的产品,使用中只投入经试验未发现缺陷的产品,即产品性能或参数的实际取值只是其可能取值的一部分。对于这种类型的产品,产品性能或参数的分布规律应按原有的分布从应力试验中截去一部分,截尾正态分布即是其中常见且重要的一类。

若 X 是一个非负的随机变量,且有密度函数(见图 3-14)为

$$f(x) = \frac{1}{a\sigma\sqrt{2\pi}} \exp\left[-\frac{1}{2}\left(\frac{x-\mu}{\sigma}\right)^2\right] \quad (0 \leqslant x < +\infty, 0 < \sigma < +\infty, -\infty < \mu < +\infty)$$

(3.145)

则称 X 服从截尾正态分布。式中,$a > 0$ 为"正规化常数",它保证

$$\int_0^{+\infty} f(x)\,\mathrm{d}x = 1$$

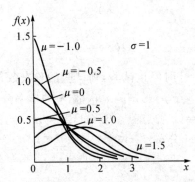

图 3-14 截尾正态分布的概率密度函数曲线

因此,有

$$a = \frac{1}{\sigma\sqrt{2\pi}} \int_0^{+\infty} \exp\left[-\frac{1}{2}\left(\frac{x-\mu}{\sigma}\right)^2\right]\mathrm{d}x$$

(3.146)

令 $\frac{x-\mu}{\sigma} = z$,可将上式改写为

$$a = \frac{1}{\sqrt{2\pi}} \int_{\frac{0-\mu}{\sigma}}^{+\infty} \mathrm{e}^{-z^2/2}\mathrm{d}z = \Phi(+\infty) - \Phi\left(\frac{-\mu}{\sigma}\right) = \Phi\left(\frac{\mu}{\sigma}\right)$$

(3.147)

截尾正态分布的数字特征为

$$E(X) = \mu + \frac{\sigma}{a}\,\Phi\left(\frac{\mu}{\sigma}\right)$$

(3.148)

$$D(X) = \sigma^2\left[1 - \frac{\mu}{a\sigma}\Phi\left(\frac{\mu}{\sigma}\right) - \frac{1}{a^2}\Phi^2\left(\frac{\mu}{\sigma}\right)\right]$$

(3.149)

截尾正态分布的可靠度和失效率函数分别为

$$R(t) = 1 - F(t) = \int_t^{+\infty} \frac{1}{a\sigma\sqrt{2\pi}} \exp\left[-\frac{1}{2}\left(\frac{t-\mu}{\sigma}\right)^2\right]\mathrm{d}t$$

(3.150)

$$\lambda(t) = \frac{f(t)}{R(t)} = \frac{\exp\left[-\frac{1}{2}\left(\frac{t-\mu}{\sigma}\right)^2\right]}{\int_t^{+\infty} \exp\left[-\frac{1}{2}\left(\frac{t-\mu}{\sigma}\right)^2\right]\mathrm{d}t}$$

(3.151)

可见,截尾正态分布的失效率 $\lambda(t)$ 是 t 的单调递增函数。

5. 伽马分布（Γ 分布）

若随机变量 X 的密度函数（见图 3 - 15）为

$$f(x) = \begin{cases} \dfrac{\lambda^{\alpha}}{\Gamma(\alpha)} x^{\alpha-1} e^{-\lambda x}, & x > 0 \\ 0, & x \leqslant 0 \end{cases} \tag{3.152}$$

则称 X 服从参数为 (α, λ) 的 Γ 分布，记为 $X \sim \Gamma(\alpha, \lambda)$。其中 α 称为形状参数，为大于 0 的常数；λ 称为尺度参数，为大于 0 的常数；$\Gamma(\alpha)$ 是 Γ 函数。

Γ 函数的形式为

$$\Gamma(\alpha) = \int_0^{+\infty} x^{\alpha-1} e^{-x} dx$$

Γ 函数有如下性质：

$$\left. \begin{aligned} & \Gamma(1) = 1 \\ & \Gamma\left(\frac{1}{2}\right) = \sqrt{\pi} \\ & \Gamma(\alpha) = (\alpha-1)\Gamma(\alpha-1) \\ & \Gamma(\alpha) = (\alpha-1)! \quad (\text{当 } \alpha \text{ 为正整数时}) \\ & \Gamma(0) \equiv 1 \quad (\text{通常假定}) \end{aligned} \right\} \tag{3.153}$$

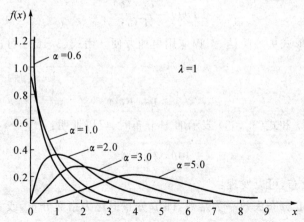

图 3 - 15　Γ 分布的密度函数曲线（当 $\lambda = 1$，改变 α 值时）

Γ 分布的累积分布函数为

$$F(x) = P\{X \leqslant x\} = \frac{\lambda^{\alpha}}{\Gamma(\alpha)} \int_0^x x^{\alpha-1} e^{-\lambda x} dx \quad (x > 0, \lambda > 0, \alpha > 0) \tag{3.154}$$

Γ 分布的数字特征为

$$E(X) = \frac{\alpha}{\lambda} \tag{3.155}$$

$$D(X) = \frac{\alpha}{\lambda^2} \tag{3.156}$$

若把 Γ 分布的概率密度函数表示成如下形式：

$$f(t) = \frac{1}{\Gamma(\alpha) t_0} \left(\frac{t}{t_0}\right)^{\alpha-1} e^{-t/t_0} \quad (t \geqslant 0, t_0 > 0, \alpha > 0) \tag{3.157}$$

式中，t_0 为尺度参数，它相当于式(3.152)中 λ 的倒数，即 $1/\lambda$。则 Γ 分布的累积分布函数及数字特征可写为

$$F(t) = \frac{1}{\Gamma(\alpha)t_0} \int_0^t \left(\frac{t}{t_0}\right)^{\alpha-1} e^{-t/t_0} dt \tag{3.158}$$

$$E(t) = t_0 \alpha \tag{3.159}$$

$$D(t) = t_0^2 \alpha \tag{3.160}$$

进一步令 $\dfrac{t}{t_0} = x$，则式(3.158)可改写为

$$F(t) = \frac{1}{\Gamma(\alpha)} \int_0^{\frac{t}{t_0}} x^{\alpha-1} e^{-x} dx \tag{3.161}$$

显然，当 $t \to \infty$ 时，式(3.161)的积分部分就是 Γ 函数，而当 t 是某一给定的值时，则该式的积分部分称为不完全 Γ 函数，记为 $\Gamma_{t/t_0}(\alpha)$，即

$$\Gamma_{t/t_0}(\alpha) = \int_0^{\frac{t}{t_0}} x^{\alpha-1} e^{-x} dx \tag{3.162}$$

式中，$\Gamma_{t/t_0}(\alpha)$ 的值可由专用数表查出。

将式(3.162)代入式(3.161)，得

$$F(t) = \frac{\Gamma_{t/t_0}(\alpha)}{\Gamma(\alpha)} \tag{3.163}$$

式(3.163)表达形式更加简洁，工程应用更加方便。由式(3.163)可进一步写出 Γ 分布的失效率函数：

$$\lambda(t) = \frac{f(t)}{1 - F(t)} \tag{3.164}$$

当采用式(3.157)和式(3.163)表示的 Γ 分布时，可以证明：

$$\lim_{t \to \infty} \lambda(t) = \frac{1}{t_0}$$

进一步分析 Γ 分布，可以发现：

(1) 当 $\alpha = 1$ 时，Γ 分布失效率为常数，即 Γ 分布退化为指数分布，或者说指数分布是 Γ 分布的一个特例；

(2) 当 $\alpha > 1$ 时，Γ 分布失效率函数是单调递增的，向上趋近于 $1/t_0$；

(3) 当 $0 < \alpha < 1$ 时，Γ 分布失效率函数是单调递减的，向下趋近于 $1/t_0$。

可见，Γ 分布可以通过选取不同的 α 值，使失效率递减、恒定或递增。因此，Γ 分布描述产品寿命的适用性很强，是一种非常重要的寿命分布。但是，由于 Γ 分布参数估计复杂，使其工程应用受到一定限制。

前面已经说明，指数分布是 Γ 分布的一个特例，不仅如此，Γ 分布还与泊松分布有着密切的联系。若产品的失效是由某种冲击引起的，且这种随机冲击的发生服从泊松分布，则该产品受到 α 次冲击而失效的概率就可以用参量为 α 的 Γ 分布来描述。第 α 次冲击的等候时间就是该产品的寿命长度，而 $1/t_0$ 就是发生冲击的速率。当 $\alpha = 1$ 即施加一次冲击产品就失效时，则与指数分布相关。

3.3　随机变量函数特征值求法

3.3.1　Taylor 展开法

在失效物理与可靠性分析中,经常遇到很多由一系列基本随机变量构成的函数,这些随机变量函数的分布特性在分析中也是必须要知道的。当随机变量函数比较复杂时,在已知基本变量分布特性的前提下精确地分析随机变量函数的分布特性是一件很困难的事。为了方便工程应用,可考虑用一些近似的方法计算随机变量函数的均值及方差等特征值。对于某些问题而言,近似解与精确解的差别并不大,但计算过程大大简化,所以近似计算是很有必要的。3.3.1～3.3.3 小节将分别介绍四种随机变量函数特征值的近似计算方法,即随机变量函数特征值近似计算的 Taylor 展开法、基本函数法、变异系数法和 Monte-Carlo 法,本小节介绍 Taylor 展开法。

Taylor 展开法的基本思想是首先将随机变量的函数在各基本随机变量均值点处展开成 Taylor 级数。为了计算的方便,Taylor 级数通常最多保留二次项,然后对 Taylor 展开式求一阶矩和二阶矩,从而得到随机变量函数的近似均值和方差。下面以一维随机变量和多维随机变量的函数,分两种情况进行分析。

1. 一维随机变量的函数特征值

设 $Y = f(X)$ 是一维随机变量 X 的函数,随机变量 X 的均值为 μ。将 $f(X)$ 在 $X = \mu$ 处 Taylor 展开,保留二次项,得

$$Y = f(X) = f(\mu) + (X - \mu) f'(\mu) + \frac{(X - \mu)^2}{2!} f''(\mu) + R \tag{3.165}$$

式中,R 为余项。

对式(3.165)取数学期望,得

$$E(Y) = E[f(X)] = E[f(\mu)] + E[(X - \mu) f'(\mu)] + E\left[\frac{1}{2}(X - \mu)^2 f''(\mu)\right] + E[R]$$

略去 $E(R)$,有

$$E(Y) \approx f(\mu) + E(X) f'(\mu) - \mu f'(\mu) + \frac{1}{2} E[(X - \mu)^2] f''(\mu) =$$

$$f(\mu) + \frac{1}{2} E\{[X - E(X)]^2\} f''(\mu) =$$

$$f(\mu) + \frac{1}{2} f''(\mu) D(X) \tag{3.166}$$

若 $D(X)$ 很小,则上式右边的第二项又可略去,得

$$E(Y) = E[f(X)] \approx f(\mu) \tag{3.167}$$

对式(3.165)取方差,得

$$D(Y) = D[f(X)] = D[f(\mu) + (X - \mu) f'(\mu) + R_1]$$

式中

$$R_1 = \frac{(X - \mu)^2}{2!} f''(\mu) + R$$

若略去 $D(R_1)$,则有

$$D(Y) = D[f(X)] \approx [f'(\mu)]^2 D(X) \tag{3.168}$$

2. 多维随机变量的函数特征值

设相互独立的随机变量 $X_1, X_2, \cdots, X_n$ 构成的函数为 $Y = f(\boldsymbol{X}) = f(X_1, X_2, \cdots, X_n)$。已知随机变量 $X_1, X_2, \cdots, X_n$ 的均值分别为 $\mu_1, \mu_2, \cdots, \mu_n$。类比一维随机变量,将随机变量函数 Y 在

$$\boldsymbol{X} = \begin{bmatrix} X_1 \\ X_2 \\ \vdots \\ X_n \end{bmatrix} = \begin{bmatrix} \mu_1 \\ \mu_2 \\ \vdots \\ \mu_n \end{bmatrix} = \boldsymbol{\mu}$$

处 Taylor 展开,保留二次项,则有

$$Y = f(\boldsymbol{X}) = f(X_1, X_2, \cdots, X_n) = f(\mu_1, \mu_2, \cdots, \mu_n) + \sum_{i=1}^{n} \frac{\partial f(\boldsymbol{X})}{\partial X_i}\bigg|_{\boldsymbol{X} = \boldsymbol{\mu}} \cdot (X_i - \mu_i) +$$

$$\frac{1}{2} \sum_{j=1}^{n} \sum_{i=1}^{n} \frac{\partial^2 f(\boldsymbol{X})}{\partial X_i \partial X_j}\bigg|_{\boldsymbol{X} = \boldsymbol{\mu}} \cdot (X_i - \mu_i)(X_j - \mu_j) + R_n \tag{3.169}$$

式中,R_n 为余项。

对式(3.169)求期望,得

$$E(Y) = E[f(\boldsymbol{X})] = E[f(\mu_1, \mu_2, \cdots, \mu_n)] + E\left[\sum_{i=1}^{n} \frac{\partial f(\boldsymbol{X})}{\partial X_i}\bigg|_{\boldsymbol{X} = \boldsymbol{\mu}} \cdot (X_i - \mu_i)\right] +$$

$$E\left[\frac{1}{2} \sum_{j=1}^{n} \sum_{i=1}^{n} \frac{\partial^2 f(\boldsymbol{X})}{\partial X_i \partial X_j}\bigg|_{\boldsymbol{X} = \boldsymbol{\mu}} \cdot (X_i - \mu_i)(X_j - \mu_j)\right] + E(R_n) =$$

$$f(\mu_1, \mu_2, \cdots, \mu_n) + \sum_{i=1}^{n} \frac{\partial f(\boldsymbol{X})}{\partial X_i}\bigg|_{\boldsymbol{X} = \boldsymbol{\mu}} \cdot E(X_i - \mu_i) +$$

$$\frac{1}{2} \sum_{j=1}^{n} \sum_{i=1}^{n} \frac{\partial^2 f(\boldsymbol{X})}{\partial X_i \partial X_j}\bigg|_{\boldsymbol{X} = \boldsymbol{\mu}} \cdot E[(X_i - \mu_i)(X_j - \mu_j)] + E(R_n)$$

因为假定 $X_1, X_2, \cdots, X_n$ 为独立的随机变量,所以可删去等于零的项。若再忽略 $E(R_n)$,则上式可化简为

$$E(Y) \approx f(\mu_1, \mu_2, \cdots, \mu_n) + \frac{1}{2} \sum_{i=1}^{n} \frac{\partial^2 f(\boldsymbol{X})}{\partial X_i^2}\bigg|_{\boldsymbol{X} = \boldsymbol{\mu}} \cdot D(X_i) \tag{3.170}$$

若 $D(X_i)$ 的值很小,则上式右边的第二项可忽略,得

$$E(Y) = E[f(\boldsymbol{X})] \approx f(\mu_1, \mu_2, \cdots, \mu_n) \tag{3.171}$$

若对式(3.169)右边的前两项取方差,得

$$D(Y) \approx D[f(\mu_1, \mu_2, \cdots, \mu_n)] + D\left[\sum_{i=1}^{n} \frac{\partial f(\boldsymbol{X})}{\partial X_i}\bigg|_{\boldsymbol{X} = \boldsymbol{\mu}} \cdot (X_i - \mu_i)\right] \approx$$

$$\sum_{i=1}^{n} \left[\frac{\partial f(\boldsymbol{X})}{\partial X_i}\bigg|_{\boldsymbol{X} = \boldsymbol{\mu}}\right]^2 D(X_i) \tag{3.172}$$

以上假设随机变量 $X_1, X_2, \cdots, X_n$ 是相互独立的,当随机变量不独立时,分别对式(3.169)求期望和方差,得

$$E(Y) \approx f(\mu_1, \mu_2, \cdots, \mu_n) + \frac{1}{2} \sum_{i=1}^{n} \frac{\partial^2 f(\boldsymbol{X})}{\partial X_i^2}\bigg|_{\boldsymbol{X} = \boldsymbol{\mu}} \cdot D(X_i) + \sum_{i=1}^{n-1} \sum_{j=i+1}^{n} \rho_{ij} \sqrt{D(X_i)D(X_j)}$$

$$\tag{3.173}$$

$$D(Y) \approx \sum_{i=1}^{n} \left[\frac{\partial f(\boldsymbol{X})}{\partial X_i} \bigg|_{\boldsymbol{X}=\boldsymbol{\mu}} \right]^2 D(X_i) + 2 \sum_{i=1}^{n-1} \sum_{j=i+1}^{n} \frac{\partial f(\boldsymbol{X})}{\partial X_i} \bigg|_{\boldsymbol{X}=\boldsymbol{\mu}} \frac{\partial f(\boldsymbol{X})}{\partial X_j} \bigg|_{\boldsymbol{X}=\boldsymbol{\mu}} \rho_{ij} \sqrt{D(X_i)D(X_j)}$$

$$(3.174)$$

3.3.2　基本函数法

基本函数法近似计算随机变量函数特征值的过程如下：首先用 Taylor 展开法求出一些简单随机变量函数的均值和方差，然后将较复杂的函数转化为基本函数的简单运算，利用基本函数已有结果通过折算得出复杂函数的特征值。在把复杂函数化成基本函数时应避开基本函数中变量的相关性，即保证基本函数中变量是相互独立的。常见的基本函数均值与标准差见表 3-2。

表 3-2　正态分布函数的统计特征值综合计算用表

序　号	$Z = f(x, y)$	均值 μ_z	标准差 σ_z
1	$Z = c$	c	0
2	$Z = cx$	$c\mu_x$	$c\sigma_x$
3	$Z = cx + d$	$c\mu_x \pm d$	$c\sigma_x$
4	$Z = x + y$	$\mu_x + \mu_y$	$(\sigma_x^2 + \sigma_y^2)^{\frac{1}{2}}$ 或 $(\sigma_x^2 + \sigma_y^2 + 2\rho\sigma_x\sigma_y)^{\frac{1}{2}}$
5	$Z = x - y$	$\mu_x - \mu_y$	$(\sigma_x^2 + \sigma_y^2)^{\frac{1}{2}}$ 或 $(\sigma_x^2 + \sigma_y^2 - 2\rho\sigma_x\sigma_y)^{\frac{1}{2}}$
6	$Z = x \cdot y$	$\mu_x\mu_y$ 或 $\mu_x\mu_y + \rho\sigma_x\sigma_y$	$(\mu_x^2\sigma_y^2 + \mu_y^2\sigma_x^2 + 2\rho\mu_x\mu_y\sigma_x\sigma_y)^{\frac{1}{2}}$ 或 $\left[(\mu_x^2\sigma_y^2 + \mu_y^2\sigma_x^2 + \sigma_x^2\sigma_y^2)(1+\rho^2)\right]^{\frac{1}{2}}$
7	$Z = \dfrac{x}{y}$	$\dfrac{\mu_x}{\mu_y}$ 或 $\dfrac{\mu_x}{\mu_y} + \dfrac{\sigma_y^2\mu_x}{\mu_y^3}$ 或 $\dfrac{\mu_x}{\mu_y} + \dfrac{\sigma_y\mu_x}{\mu_y^2}\left(\dfrac{\sigma_y}{\mu_y} - \rho\dfrac{\sigma_x}{\mu_x}\right)$	$\dfrac{1}{\mu_y}\left(\dfrac{\mu_x^2\sigma_y^2 + \mu_y^2\sigma_x^2}{\mu_y^2 + \sigma_y^2}\right)^{\frac{1}{2}}$ 或 $\dfrac{\mu_x}{\mu_y}\left(\dfrac{\sigma_x^2}{\mu_x^2} + \dfrac{\sigma_y^2}{\mu_y^2} - 2\rho\dfrac{\sigma_x\sigma_y}{\mu_x\mu_y}\right)^{\frac{1}{2}}$ 或 $\dfrac{1}{\mu_y^2}(\mu_x^2\sigma_y^2 + \mu_y^2\sigma_x^2)^{\frac{1}{2}}$
8	$Z = x^2$	$\mu_x^2 + \sigma_x^2 \approx \mu_x^2$	$(4\mu_x^2\sigma_x^2 + 2\sigma_x^4)^{\frac{1}{2}} \approx 2\mu_x\sigma_x$
9	$Z = x^3$	$\mu_x^3 + 3\sigma_x^2\mu_x \approx \mu_x^3$	$(3\sigma_x^6 + 8\sigma_x^4\mu_x^2 + 5\sigma_x^2\mu_x^4)^{\frac{1}{2}} \approx 3\mu_x^2\sigma_x$
10	$Z = x^n$	$\approx \mu_x^n$	$|n|\mu_x^{n-1}\sigma_x$
11	$Z = x^{1/2}$	$\left(\sqrt{4\mu_x^2 - 2\sigma_x^2}/2\right)^{\frac{1}{2}}$	$\left(\mu_x - \dfrac{1}{2}\sqrt{4\mu_x^2 - 2\sigma_x^2}\right)^{\frac{1}{2}}$
12	$Z = (x^2 + y^2)^{\frac{1}{2}}$	$(\mu_x^2 + \mu_y^2)^{\frac{1}{2}} + \dfrac{\mu_x^2\sigma_x^2 + \mu_y^2\sigma_y^2}{2\sqrt{(\mu_x^2 + \mu_y^2)^3}}$	$\left(\dfrac{\mu_x^2\sigma_y^2 + \mu_y^2\sigma_x^2}{\mu_x^2 + \mu_y^2}\right)^{\frac{1}{2}}$
13	$Z = \lg x$	$\approx \lg\mu_x$	$\approx 0.43\sigma_x/\mu_x$

注：1. c, d 为常数；

2. 对于加、减运算公式是精确的，其余的运算是近似的，当 $C_x = \dfrac{\sigma_x}{\mu_x} < 0.10$，$C_y = \dfrac{\sigma_y}{\mu_y} < 0.10$ 时，结果是足够近似的。

3.3.3　变异系数法

很多随机变量的函数是由基本变量乘、除及幂运算构成的,具有很强的非线性。当随机变量的维数较多时,若直接用 Taylor 展开法近似计算随机变量函数的特征值,其过程依然十分烦琐,尤其是方差的计算。对于这类由基本变量乘除运算得到的随机变量函数,可借助中间变量(即变异系数)计算其方差。因为这类随机变量函数的变异系数与各基本随机变量的变异系数之间是相加的简单关系,相对于方差而言,随机变量函数的变异系数更容易获得,然后由其均值与变异系数计算随机变量函数的方差。下面通过对一些由乘除及幂运算构成的复杂函数变异系数的分析,进一步说明该方法的应用。

对于具有均值 μ_X 和标准差 σ_X 的随机变量 X ,其变异系数可定义为

$$V_X = \frac{\sigma_X}{\mu_X} \tag{3.175}$$

下面分两种情况分析随机变量函数变异系数与基本变量变异系数之间的关系。

1. 变量为乘除关系的函数的变异系数

对于最简单的二维随机变量函数 $Z = XY$,当 X,Y 为相互独立的随机变量时,由 Taylor 展开法知其均值及标准差为

$$\mu_Z = \mu_X \mu_Y$$
$$\sigma_Z = (\mu_X^2 \sigma_Y^2 + \mu_Y^2 \sigma_X^2)^{1/2}$$

于是,该二元函数的变异系数为

$$V_Z = \frac{\sigma_Z}{\mu_Z} = \sqrt{V_X^2 + V_Y^2} \tag{3.176}$$

因此,对于两个独立随机变量相乘得到的二维随机变量函数,其变异系数的二次方等于各基本变量变异系数的二次方和。

对于 n 个独立变量相乘得到的多维随机变量函数 $Z = X_1 X_2 \cdots X_n$,由 Taylor 展开法知其均值及标准差为

$$\mu_Z = \mu_{X_1} \mu_{X_2} \cdots \mu_{X_n}$$
$$\sigma_Z = \mu_{X_1} \mu_{X_2} \cdots \mu_{X_n} \sqrt{\left(\frac{\sigma_{X_1}}{\mu_{X_1}}\right)^2 + \left(\frac{\sigma_{X_2}}{\mu_{X_2}}\right)^2 + \cdots + \left(\frac{\sigma_{X_n}}{\mu_{X_n}}\right)^2}$$

故有

$$V_Z = \frac{\sigma_Z}{\mu_Z} = \sqrt{V_{X_1}^2 + V_{X_2}^2 + \cdots + V_{X_n}^2} = \sqrt{\sum_{i=1}^{n} V_{X_i}^2} \tag{3.177}$$

因此,对于 n 个独立随机变量相乘得到的多维随机变量函数,其变异系数的二次方依然等于各基本变量变异系数的二次方和。

对于更一般的由 n 个独立随机变量相乘或相除得到的多维随机变量函数,其函数变异系数与各基本变量变异系数之间依然具有上述关系。例如对于下面两个多变量函数:

$$Z = \frac{X_1 X_2}{X_3 \cdots X_n}$$

或

$$Z = \frac{X_1}{X_2 X_3 \cdots X_n}$$

有
$$V_Z = \frac{\sigma_Z}{\mu_Z} = \sqrt{V_{Z_1}^2 + V_{Z_2}^2 + \cdots + V_{Z_n}^2} = \sqrt{\sum_{i=1}^n V_{Z_i}^2} \tag{3.178}$$

2. 幂函数的变异系数

对于幂函数形式的随机变量函数 $Z = X^a$（a 为任意实数），由 Taylor 展开法知其均值及标准差为

$$\mu_Z = \mu_X^a$$
$$\sigma_Z = |a| \mu_X^{a-1} \sigma_X$$

因此有

$$V_Z = a V_X \tag{3.179}$$

3. 变量为乘除及幂运算的变异系数

对于 n 个独立变量通过乘除及幂运算得到的函数 $Z = a_0 X_1^{a_1} X_2^{a_2} \cdots X_n^{a_n}$，由前面两种情况的分析可知

$$V_Z = \sqrt{\sum_{i=1}^n a_i^2 V_{X_i}^2} \tag{3.180}$$

对于变量通过乘除与幂运算形成的随机变量函数 $Z = f(X_1, X_2, \cdots, X_n)$，通过上述分析可知，随机变量变异系数 V_Z 与各基本变量变异系数 V_{X_i} 之间的关系较为简单，能够比较容易地由各基本变量变异系数计算得到随机变量函数的变异系数。因此，当随机变量函数符合本节所描述的情况时，可先计算函数的变异系数 V_Z，然后由 Taylor 展开法得到函数的均值 μ_Z，最后由下式计算随机变量函数的标准差 σ_Z：

$$\sigma_Z = V_Z \mu_Z \tag{3.181}$$

3.3.4　Monte-Carlo 法

前面介绍了三种计算随机变量函数特征值的近似方法，它们的特点是简单、便于工程应用，但这些方法对随机变量函数的形式都有一定要求，如函数非线性程度不能太高、变量之间的关系为乘、除或幂运算等。对于更一般的随机变量函数，这些方法难以奏效，此时可考虑用蒙特卡罗（Monte-Carlo）模拟法。蒙特卡罗（Monte-Carlo）模拟法又称为统计模拟试验法、统计试验法、随机模拟法，简称蒙特卡罗法。它是以统计抽样理论为基础、以计算机为计算手段，通过对有关随机变量的统计抽样试验或随机模拟，从而估计和描述函数的统计量，求解工程技术问题近似解的一种数值计算方法。由于该方法思路简单、便于编制程序，能保证依概率收敛，适用于各种形式变量及其组合形式，而且随着计算机技术的不断发展，该方法计算的效率越来越高，因此在工程中得到广泛应用。

一、随机数的产生

Monte-Carlo 方法的关键是产生随机数，包括 $[0,1]$ 区间上均匀分布的随机数和服从各种分布的随机数，其中 $[0,1]$ 区间上均匀分布随机数是产生其他分布随机数的基础。下面对这两种随机数的产生办法做简要介绍。

1. $[0,1]$ 区间上均匀分布随机数

因为 $[0,1]$ 区间上均匀分布随机数是产生其他分布随机数的基础，所以有时也简称为随机数。服从其他分布的随机数，一般指明分布类型，如指数分布随机数、正态分布随机数。

随机数可以通过在计算机上附加一些物理设备来产生，这种设备称为随机数发生器。在

进行随机模拟时,通常采用在计算机上产生伪随机数的方法。

所谓伪随机数就是在计算机上采用某种完全确定的规则,通过递推运算而产生的一列数。这一列数不是由真实的随机现象产生的,因而不是真正的随机数,但由于这种数列具有类似随机数的统计性质,因此,可以把它当作随机数来运算,故这种数列就称为伪随机数。

产生伪随机数的方法很多,一般来说应满足如下要求:

1) 具有较好的随机性与均匀性;

2) 产生伪随机数的速度更快;

3) 算法程序应尽量少占用内存空间;

4) 一批随机数的周期尽可能长。

$[0,1]$ 区间上均匀分布随机数的产生方法较多,最常用的有以下两种:

(1) 产生周期长度为 $2^{16}=65\ 536$ 的随机数方法,随机数 r_i 抽样公式为

$$x_i=(2\ 053x_{i-1}+13\ 849)(\bmod\ 2^{16}) \tag{3.182}$$

$$r_i=x_i/2^{16},\quad i=1,2,\cdots \tag{3.183}$$

式中,当 $i\geqslant 2^{16}$ 时,随机数重新开始循环。

(2) 在字长为 32 位的计算机上(随机数周期为 $2^{31}=2\ 147\ 483\ 648$),采用的随机数抽样公式为

$$x_i=(314\ 159\ 269x_{i-1}+453\ 806\ 245)(\bmod\ 2^{31}) \tag{3.184}$$

$$r_i=x_i/2^{31},\quad i=1,2,\cdots \tag{3.185}$$

由于在计算机上产生的随机数不是真正的随机数,因此在使用之前需要检验随机性、均匀性和独立性。

2. 其他分布随机数

前面已经指出,$[0,1]$ 区间上均匀分布随机数是产生其他分布随机数的基础。这是因为当随机变量 X 的分布函数 $F(X)$ 连续时,$F(X)$ 是 $[0,1]$ 区间的均匀分布,可以认为由 $[0,1]$ 区间均匀分布产生的随机数在数值上等于 $F(X)$ 的函数值。如果 $F(X)$ 存在反函数,则可以根据 $F(X)$ 的值逆变换得到变量 X 的一个随机数。若由 $[0,1]$ 区间均匀分布产生的随机数为 r,则常见分布的随机数可通过以下各式计算。

(1) (a,b) 区间上均匀分布随机数:

$$x=a+(b-a)r \tag{3.186}$$

(2) 指数分布随机数:

$$x=-\frac{1}{\lambda}\ln r \tag{3.187}$$

式中,λ 为指数分布参数。

(3) 两参数威布尔分布随机数:

$$x=\eta(-\ln r)^{1/m} \tag{3.188}$$

式中,m,η 分别为威布尔分布形状参数和尺度参数。

(4) 标准正态分布随机数:

$$x=\Phi^{-1}(r) \tag{3.189}$$

上式可采用连分式逼近和基于二阶展开迭代法计算。

(5) 正态分布随机数:

$$x = \mu + \sigma\xi \tag{3.190}$$

式中，μ，σ 分别为正态分布的均值和标准差；ξ 为标准正态分布随机数。

（6）对数正态分布随机数：

$$x = \exp(\mu + \sigma\xi) \tag{3.191}$$

（7）Γ 分布随机数：

$$x = \chi^2_{2n,r}/(2\alpha) \tag{3.192}$$

式中，$\chi^2_{2n,r}$ 为自由度为 $2n$ 的 χ^2 函数 r 对应的下侧分位数，α 为 Γ 分布形状参数。

二、Monte-Carlo 法计算随机变量函数的特征值

Monte-Carlo 法模拟分析法的一般基本思路和解题步骤如下：

（1）构造概率模型。根据所提出的问题构造一个与之相适应的概率模型，使问题的解恰好为该模型随机变量的某特征（例如概率、均值和方差等），即要求该模型在主要特征参量方面与实际问题或求解的系统相一致。当求解的不是随机性而是确定性问题时，可先根据问题的特点将其转化为具有概率特征的问题。

（2）定义随机变量。概率模型确定后，根据问题的实际情况定义其随机变量，并使其分布的数字特征恰好就是问题的解。

（3）通过模拟获得子样。随机变量确定后，可根据概率模型确定对随机变量的抽样方法，实现从已知概率分布抽样，即产生某种分布的随机数。每批抽样均包含 N 个（通常 N 取为500，1 000，10 000 或 15 000）方案，即样本观察值，又称为子样。

（4）统计计算。有了上述样本（即随机数），即可进行统计处理，得到有关的概率分布及其特征值等，作为问题的解。

用 Monte-Carlo 法计算随机变量函数特征值步骤如下：

（1）确定随机变量函数涉及的随机变量 x_1，x_2，$\cdots$，x_n，构建函数与基本随机变量之间的关系模型 $y = f(x_1, x_2, \cdots, x_n)$，该模型可以是显式的，也可以是隐式的。

（2）确定该函数中每一随机变量 x_i 的概率密度函数 $f(x_i)$，如图 3－16 所示。

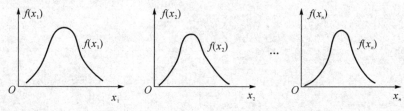

图 3－16　确定应力函数的每一随机变量的概率密度函数 $f(x_i)$

（3）确定该函数中每一随机变量 x_i 的累积分布函数 $F(x_i)$，如图 3－17 所示。

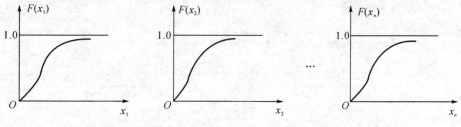

图 3－17　确定每一随机变量的累积分布函数 $F(x_i)$

(4)对该函数中的每一随机变量 x_i，产生在[0,1]区间内服从均匀分布的伪随机数数列 r_{ij}：

$$r_{ij} = \int_{-\infty}^{x_{ij}} f(x_i) \mathrm{d}x_i \quad (i=1,2,\cdots,n;j=1,2,\cdots,N) \tag{3.193}$$

式中　　r_{ij}——对应于第 i 个随机变量在[0,1]区间均匀分布上获得的第 j 个随机数；

　　x_{ij}——第 i 个随机变量的第 j 次抽样值，求式(3.193)的反函数即可得到。

(5)把每一次模拟得到的抽样值 x_{ij} 代入随机变量函数表达式中，算出相应的随机变量函数值 y_j：

$$y_j = f(x_{1j}, x_{2j}, \cdots, x_{nj})$$

(6)重复上述步骤，使模拟次数 $j \geqslant 1\,000$ 次，得各次函数值 $y_1, y_2, \cdots, y_j, \cdots, y_{1\,000}, \cdots$，统计分析得到随机变量函数的均值与方差。

第4章 基于应力-强度干涉模型的可靠度计算

本章讨论元件、子系统或系统在应力超过强度时发生故障的概率。首先必须指出,本章中所谓的应力和强度,并非仅限于机械应力和机械强度,而指的是广义的应力和强度。应力表示导致失效的任何因素,而强度则表示阻止失效的任何因素。例如:电子系统中导致故障的温度可视为热应力,而其抵抗热应力的性能则可视为强度;击穿电压可视为应力,而绝缘性能可视为强度;在非金属材料的老化中,导致老化的温度、湿度等因素都可视为应力,材料的抗老化性能则可视为强度;在金属的腐蚀过程中,环境湿度,腐蚀气体等均可视为应力,材料的抗腐蚀性能则可视为强度。从这种定义出发,由于应力和强度导致的故障在技术设备中是很多的,因此,应力-强度故障模型的应用是很广泛的。在导弹设备中,强度破坏、腐蚀失效、老化失效、电子系统中的热应力故障、电压击穿等故障是常见的。因此,本章的内容十分重要。

4.1 应力和强度服从同一分布的可靠度计算

4.1.1 应力和强度均为正态分布时的可靠度计算

应力 s 为正态分布时的概率密度函数为

$$f_s(s) = \frac{1}{\sigma_s \sqrt{2\pi}} \exp\left[-\frac{1}{2}\left(\frac{s-\mu_s}{\sigma_s}\right)^2\right], \quad -\infty < s < +\infty \tag{4.1}$$

同时,强度 δ 为正态分布时的概率密度函数为

$$f_\delta(\delta) = \frac{1}{\sigma_\delta \sqrt{2\pi}} \exp\left[-\frac{1}{2}\left(\frac{\delta-\mu_\delta}{\sigma_\delta}\right)^2\right], \quad -\infty < \delta < +\infty \tag{4.2}$$

式中 μ_s——应力均值;

σ_s——应力标准偏差;

μ_δ——强度均值;

σ_δ——强度标准偏差。

我们定义 $Y = \delta - s$,则随机变量 Y 也是正态分布的,其均值和标准差分别为

$$\mu_Y = \mu_\delta - \mu_s \tag{4.3}$$

$$\sigma_Y = \sqrt{\sigma_\delta^2 + \sigma_s^2} \tag{4.4}$$

则可靠度 R 可用 Y 来表达:

$$R = p(Y > 0) = \int_0^{+\infty} \frac{1}{\sigma_Y \sqrt{2\pi}} \exp\left[-\frac{1}{2}\left(\frac{Y-\mu_Y}{\sigma_Y}\right)^2\right] dY$$

若设 $Z = (Y - \mu_Y)/\sigma_Y$,则 $\sigma_Y dZ = dY$。当 $Y = 0$ 时,Z 的下限为

$$Z = \frac{0 - \mu_Y}{\sigma_Y} = -\frac{\mu_\delta - \mu_s}{\sqrt{\sigma_\delta^2 + \sigma_s^2}} \tag{4.5}$$

且当 $Y \rightarrow +\infty$ 时,Z 的上限 $\rightarrow +\infty$。因此,有

$$R = \frac{1}{\sqrt{2\pi}} \int_{-\frac{\mu_\delta - \mu_s}{\sqrt{\sigma_\delta^2 + \sigma_s^2}}}^{+\infty} \mathrm{e}^{-Z^2/2} \mathrm{d}Z \tag{4.6}$$

显然,随机变量 $Z = (Y - \mu_Y)/\sigma_Y$ 是标准正态变量,因此只需查正态表即可求出可靠度。

例 4.1 一种汽车零件是按承担一定应力来设计的,根据过去经验可知,由于载荷的变化,零件中的应力是正态分布的,其均值和标准偏差分别为 30 000 kPa 和 3 000 kPa。由于材料性能和尺寸偏差的变化,零件的强度也是随机的。已经求得强度是正态分布的,其均值为 40 000 kPa,且标准偏差为 4 000 kPa,试确定零件的可靠度。

解 我们已经得知

$$\sigma \sim N(40\ 000, 4\ 000)\ \mathrm{kPa}$$
$$s \sim N(30\ 000, 3\ 000)\ \mathrm{kPa}$$

R 的积分下限则由下式求出:

$$Z = -\frac{40\ 000 - 30\ 000}{\sqrt{(4\ 000)^2 + (3\ 000)^2}} = -\frac{10\ 000}{5\ 000} = -2.0$$

于是,由正态表查得 $R = 0.977$。

例 4.2 已知在一种发动机零件中的应力是正态分布的,其均值为 350.00 MPa,且标准偏差为 40.00 MPa。由于温度的变化和其他各种因素,材料的强度分布也已知是正态分布的,其均值为 820.00 MPa 且标准偏差为 80.00 MPa,试确定零件的可靠度。

解 定义强度均值对应力均值之比的常规安全系数按下式求得:

$$F \cdot s = \frac{\mu_\delta}{\mu_s} = \frac{820.00}{350.00} = 2.34$$

为计算零件的可靠度,我们使用耦合方程式得

$$Z = -\frac{\mu_\delta - \mu_s}{\sqrt{\sigma_\delta^2 + \sigma_s^2}} = -\frac{820.00 - 350.00}{\sqrt{(40.00)^2 + (80.00)^2}} = -\frac{470.00}{89.44} = -5.25$$

因此,由正态表查得此零件的可靠度为 0.999 999 9。

现假定热处理不佳,且环境温度有较大变化,从而使得零件强度的标准偏差增大到 150.00 MPa,在该情况下,如前所定义的安全系数仍保持不变,但可靠度却改变了,用耦合方程式可得

$$Z = -\frac{820.00 - 350.00}{\sqrt{(40.00)^2 + (150.00)^2}} = -\frac{470.00}{155.24} = -3.03$$

据此可求得零件的可靠度为 0.998 77。由此,我们看到了零件强度变化的增大可能会导致可靠度下降。

例 4.3 拟设计一种新零件。根据应力分析得知,该零件中为拉应力,但载荷有变化,已知拉力是正态分布的,其均值为 35 000 psi[①] 且标准偏差为 4 000 psi。制造过程残余压应力,它是正态分布的,其均值为 10 000 psi 且标准偏差为 1 500 psi。零件的强度分析给出有效强度的均值为 50 000 psi,各种强度因素产生的变化目前还不清楚,工程师想知道强度标准偏差的最大值,以保证零件的可靠度不低于 0.999。

---

① 1 psi ≈ 6.895 kPa

解 我们已经得知

$$s_t \sim N(35\ 000, 4\ 000)\ \text{psi}$$

$$s_c \sim N(10\ 000, 1\ 500)\ \text{psi}$$

其中，s_t 是拉应力，而 s_c 为残余压应力。平均有效应力 s 及其标准偏差分别为

$$s = s_t - s_c = 35\ 000 - 10\ 000 = 25\ 000\ \text{psi}$$

$$\sigma_s = \sqrt{(\sigma_{st})^2 + (\sigma_{sc})^2} = \sqrt{(4\ 000)^2 + (1\ 500)^2} = 4\ 272\ \text{psi}$$

由正态表，我们找到与可靠度 0.999 相应的 Z 值为 -3.1，代入耦合方程式可得

$$-3.1 = \frac{50\ 000 - 25\ 000}{\sqrt{(\sigma_\delta)^2 + (4\ 272)^2}}$$

对 σ_δ 求解，得 $\sigma_\delta = 6\ 840\ \text{psi}$。

4.1.2 应力和强度均为对数正态分布时的可靠度计算

对数正态密度函数的标准形式为

$$f_Y(y) = \frac{1}{y\sigma\sqrt{2\pi}}\exp\left[-\frac{1}{2\sigma^2}(\ln y - \mu)^2\right], \quad Y > 0 \tag{4.7}$$

式中，Y 为随机变量。参数 μ 和 σ 分别为正态分布的变量 $\ln Y$ 的均值和标准差。首先研究在以后的分析中所需用的对数正态分布的变量关系。

设 $X = \ln Y$，则 $\mathrm{d}X = \left(\frac{1}{Y}\right)\mathrm{d}Y$。由式(4.7)有

$$f_X(x) = \frac{1}{\sigma\sqrt{2\pi}}\exp\left[-\frac{1}{2\sigma^2}(x - \mu)^2\right], \quad -\infty < X < +\infty$$

因此

$$E(X) = E(\ln Y) = \mu$$

$$V(X) = V(\ln Y) = \sigma^2$$

以及

$$E(Y) = E(\mathrm{e}^X) = \int_{-\infty}^{+\infty}\frac{1}{\sigma\sqrt{2\pi}}\mathrm{e}^x \cdot \exp\left[-\frac{1}{2}\left(\frac{x - \mu}{\sigma}\right)^2\right]\mathrm{d}x =$$

$$\int_{-\infty}^{+\infty}\frac{1}{\sigma\sqrt{2\pi}}\exp\left[x - \frac{1}{2}\left(\frac{x - \mu}{\sigma}\right)^2\right]\mathrm{d}x$$

对于 $E(Y)$ 表达式中 e 的指数，有

$$x - \frac{1}{2}\left(\frac{x - \mu}{\sigma}\right)^2 = x - \frac{1}{2\sigma^2}(x^2 - 2x\mu + \mu^2) = -\frac{1}{2\sigma^2}(x^2 - 2\mu x - 2\sigma^2 x + \mu^2) =$$

$$\frac{-\mu^2}{2\sigma^2} + \frac{(\mu + \sigma^2)^2}{2\sigma^2} - \frac{1}{2\sigma^2}[x^2 - 2x(\mu + \sigma^2) + (\mu + \sigma^2)^2] =$$

$$\frac{1}{2\sigma^2}(2\mu\sigma^2 + \sigma^4) - \frac{1}{2\sigma^2}[x - (\mu + \sigma^2)^2]^2 =$$

$$\mu + \frac{\sigma^2}{2} - \frac{1}{2\sigma^2}[x - (\mu + \sigma^2)^2]^2$$

$$E(Y) = \exp\left(\mu + \frac{\sigma^2}{2}\right)\int_{-\infty}^{+\infty}\frac{1}{\sigma\sqrt{2\pi}}\exp\left\{-\frac{[x - (\mu + \sigma^2)]^2}{2\sigma^2}\right\}\mathrm{d}x = \exp\left(\mu + \frac{\sigma^2}{2}\right) \tag{4.8}$$

要计算 Y 的方差，则有

$$E(Y^2) = E(e^{2X}) = \int \frac{1}{\sigma\sqrt{2\pi}} \exp\left[2x - \frac{1}{2\sigma^2}(x-\mu)^2\right] dx$$

对于 $E(Y^2)$ 表达式中 e 的指数，有

$$2x - \frac{1}{2\sigma^2}(x-\mu)^2 = -\frac{1}{2\sigma^2}(-4\sigma^2 x + x^2 - 2\mu x + \mu^2) =$$

$$-\frac{1}{2\sigma^2}\left[x^2 - 2x(\mu + 2\sigma^2) + (\mu + 2\sigma^2)^2\right] - \frac{\mu^2}{2\sigma^2} + \frac{(\mu + 2\sigma^2)^2}{2\sigma^2} =$$

$$-\frac{1}{2\sigma^2}\left[x - (\mu + 2\sigma^2)^2\right]^2 + 2\mu + 2\sigma^2$$

将其代回上式并按前述方法进行化简得

$$E(Y^2) = \exp[2(\mu + \sigma^2)]$$

于是，按方差定义，可得

$$V(Y) = E(Y^2) - [E(Y)]^2 = \exp[2(\mu + \sigma^2)] - [\exp(\mu + \sigma^2/2)]^2 =$$

$$[\exp(2\mu + \sigma^2)][\exp(\sigma^2) - 1] \tag{4.9}$$

由于

$$\frac{V(Y)}{[E(Y)]^2} = e^{\sigma^2} - 1$$

经整理后可得

$$\sigma^2 = \ln\left\{\frac{V(Y)}{[E(Y)]^2} + 1\right\} \tag{4.10}$$

在式(4.8)中已证明

$$E(Y) = e^{\mu + \frac{\sigma^2}{2}}$$

于是

$$\mu = \ln E(Y) - \frac{1}{2}\sigma^2 \tag{4.11}$$

如果用 $\check{Y}$ 来表示 Y 的中位数，则根据中位数概念，可得

$$0.5 = \int_{-\infty}^{\check{Y}} \frac{1}{y\sigma\sqrt{2\pi}} \exp\left[-\frac{1}{2\sigma^2}(\ln y - \mu)^2\right] dy$$

再用 $X = \ln Y$ 的变换，可将上式重写为

$$0.5 = \int_{-\infty}^{\ln\check{Y}} \frac{1}{\sigma\sqrt{2\pi}} \exp\left[-\frac{1}{2\sigma^2}(x - \mu)^2\right] dx$$

从而得到

$$\mu = \ln\check{Y} \tag{4.12}$$

亦即

$$\check{Y} = e^{\mu}$$

现在回到原来的问题，即 δ 和 s 均呈对数正态分布。设 $Y = \delta/s$，这意味着 $\ln Y = \ln\delta - \ln s$，可知 $\ln Y$ 是正态分布的，因为 $\ln\delta$ 和 $\ln s$ 二者均为正态分布。

对数正态密度函数是正偏的，因此中位数与均值相比，对于对数正态集中趋势是更好且更

方便的变量。显然,$\ln\delta$ 均值的反对数是 $f_\delta(\delta)$ 的中位数 $\breve{\delta}$,$\ln s$ 的均值的反对数是 $f_s(s)$ 的中位数 $\breve{s}$,亦即

$$\breve{\delta} = e^{\mu_{\ln\delta}}$$

或

$$\mu_{\ln\delta} = \ln\breve{\delta}$$

以及

$$\breve{s} = e^{\mu_{\ln s}}$$

或

$$\mu_{\ln s} = \ln\breve{s}$$

其中,$\breve{\delta}$ 和 $\breve{s}$ 分别是 δ 和 s 的中位数。类似地,有

$$\mu_{\ln Y} = \ln\breve{Y}$$

因为已知 Y 也是对数正态分布的,且

$$\mu_{\ln Y} = \mu_{\ln\delta} - \mu_{\ln s} = \ln\breve{\delta} - \ln\breve{s} \tag{4.13}$$

综合式(4.13)的两个方程式,得

$$\ln\breve{Y} = \ln\breve{\delta} - \ln\breve{s} = \ln\frac{\breve{\delta}}{\breve{s}}$$

又因为

$$\sigma_{\ln Y} = \sqrt{\sigma_{\ln\delta}^2 + \sigma_{\ln s}^2} \tag{4.14}$$

由可靠度定义,得

$$R = p\left(\frac{\delta}{s} > 1\right) = p(Y > 1) = \int_1^{+\infty} f_Y(Y)\mathrm{d}Y$$

令 $Z = (\ln Y - \mu_{\ln Y})/\sigma_{\ln Y}$,则 Z 为标准的正态变量,现在需要求出新的积分限。当 $Y = 1$ 时,有

$$Z = \frac{\ln 1 - \mu_{\ln Y}}{\sigma_{\ln Y}} = -\frac{\ln\breve{\delta} - \ln\breve{s}}{\sqrt{\sigma_{\ln\delta}^2 + \sigma_{\ln s}^2}}$$

上式是由式(4.13)和式(4.14),当 $Y \to \infty$,$Z \to \infty$ 时得到的。现在可靠度可以很容易地按下式计算:

$$R = \int_{-\frac{\ln\breve{\delta} - \ln\breve{s}}{\sqrt{\sigma_{\ln\delta}^2 + \sigma_{\ln s}^2}}}^{\infty} \Phi(Z)\mathrm{d}Z \tag{4.15}$$

式中,$\Phi(Z)$ 是标准正态变量 Z 的分布密度函数。

例 4.4   强度 δ 和应力 s 是下列参数的对数正态分布:

(1)$E(\delta) = 100\ 000$ kPa,δ 的标准偏差 $= 10\ 000$ kPa;

(2)$E(s) = 60\ 000$ kPa,s 的标准偏差 $= 20\ 000$ kPa。

试计算其可靠度。

解   令 $E(\ln\delta) = \mu_\delta$,$E(\ln s) = \mu_s$;$V(\ln\delta) = \sigma_\delta^2$,$V(\ln s) = \sigma_s^2$。

由式(4.10),有

$$\sigma_\delta^2 = \ln\left\{\frac{V(\delta)}{[E(\delta)]^2} + 1\right\} = \ln\left\{\frac{10^8}{10^{10}} + 1\right\} = \ln 1.01 = 0.009\ 95$$

而由式(4.11),有

$$\mu_\delta = \ln E(\delta) - \frac{1}{2}\sigma_\delta^2 = \ln 100\ 000 - \frac{0.009\ 5}{2} = 11.507\ 95$$

类似地,对于应力 s,有

$$\sigma_s^2 = \ln\left[\frac{20\ 000^2}{60\ 000^2} + 1\right] = \ln[1.111] = 0.105\ 35$$

和

$$\mu_s = \ln E(s) - \frac{1}{2}\sigma_s^2 = 11.002\ 09 - \frac{1}{2} \times 0.105\ 35 = 10.949\ 42$$

因此

$$R = \int_Z^{+\infty} \Phi(Z)\mathrm{d}Z$$

式中

$$Z = -\frac{\mu_\delta - \mu_s}{\sqrt{\sigma_\delta^2 + \sigma_s^2}} = -\frac{11.507\ 95 - 10.949\ 42}{\sqrt{(0.009\ 95) + (0.105\ 35)}} = -1.64$$

由正态表,对于 $Z = -1.64$,可查得 $R = 0.949\ 5$。

例 4.5 强度 δ 和应力 s 是对数正态分布的,并且 δ 的均值为 150 000 kPa,s 的均值为 10 000 kPa,s 的标准偏差为 15 000 kPa。试求 δ 的最大容许偏差以使得可靠度不低于0.999。

解 首先计算:

$$\sigma_s^2 = \ln\left\{\frac{V(s)}{[E(s)]^2} + 1\right\} = \ln\left\{\frac{15\ 000^2}{100\ 000^2} + 1\right\} = 0.022\ 5$$

$$\mu_s = \ln E(s) - \frac{1}{2}\sigma_s^2 = 11.512\ 43$$

$$\mu_\delta = \ln E(\delta) - \frac{1}{2}\sigma_\delta^2 = 11.918\ 3 - \frac{1}{2}\sigma_\delta^2$$

从正态表,找到与可靠度 0.999 相应的 Z 值为

$$Z = -\frac{\mu_\delta - \mu_s}{\sqrt{\sigma_\delta^2 + \sigma_s^2}} = -3.1$$

经简化后得

$$\mu_\delta^2 - 2\mu_\delta\mu_s + \mu_s^2 = 9.61\sigma_\delta^2 + 9.61\sigma_s^2$$

代入已经求得的 $\mu_s, \sigma_s^2, \mu_\delta$ 值并化简,即得 σ_δ^2 的二次方程为

$$0.162\ 4 - 10.012\ 5\sigma_\delta^2 + 0.25\ (\sigma_\delta^2)^2 = 0$$

它的解为

$$\sigma_\delta^2 = 0.016\ 45 \quad \text{或} \quad \sigma_\delta^2 = 40.044\ 75$$

取较小值 0.016 45,解得

$$\mu_\delta = 11.918\ 3 - \frac{1}{2}\sigma_\delta^2 = 11.91$$

因此

$$V(\delta) = [\exp(2\mu_\delta + \sigma_\delta^2)][\exp(\sigma_\delta^2) - 1] =$$
$$[\exp(2 \times 11.91 + 0.016\ 45)][\exp(0.016\ 45) - 1] = 19\ 314$$

所以,要求的强度 δ 的最大容许标准偏差为 $\sqrt{19\ 314} = 139$ kPa。

4.1.3　应力和强度均为指数分布时的可靠度计算

在这种情况下对于强度 δ，有

$$f_\sigma(\delta) = \lambda_\delta e^{-\lambda_\delta \delta}, \quad 0 \leqslant \delta < +\infty$$

而对于应力 s，有

$$f_s(s) = \lambda_s e^{-\lambda_s s}, \quad 0 \leqslant s < +\infty$$

由干涉理论公式，有

$$R = \int_0^{+\infty} f_s(s) \left[\int_s^{+\infty} f_\delta(\delta) \mathrm{d}\delta \right] \mathrm{d}s = \int_0^{+\infty} \lambda_s e^{-\lambda_s s} \left[e^{-\lambda_\delta s} \right] \mathrm{d}s = \int_0^{+\infty} \lambda_s e^{-(\lambda_s + \lambda_\delta) s} \mathrm{d}s =$$

$$\frac{\lambda_s}{\lambda_\delta + \lambda_s} \int_0^{+\infty} (\lambda_\delta + \lambda_s) e^{-(\lambda_\delta + \lambda_s) s} \mathrm{d}s = \frac{\lambda_s}{\lambda_\delta + \lambda_s} \tag{4.16}$$

如果用 $\bar{\delta} = 1/\lambda_\delta$ 表示强度均值，并用 $\bar{s} = \dfrac{1}{\lambda_s}$ 表示应力均值，则 $R = \bar{\delta}/(\bar{\delta} + \bar{s})$。

4.1.4　应力和强度均为威布尔分布时的可靠度计算

强度和应力的概率密度函数分别为

$$f_\delta(\delta) = \frac{\beta_\delta}{(\theta_\delta - \delta_0)} \left(\frac{\delta - \delta_0}{\theta_\delta - \delta_0} \right)^{\beta_\delta - 1} \exp\left[-\left(\frac{\delta - \delta_0}{\theta_\delta - \delta_0} \right)^{\beta_\delta} \right], \quad \delta_0 \leqslant \delta < +\infty$$

$$f_s(s) = \frac{\beta_s}{(\theta_s - s_0)} \left(\frac{s - s_0}{\theta_s - s_0} \right)^{\beta_s - 1} \exp\left[-\left(\frac{s - s_0}{\theta_s - s_0} \right)^{\beta_s} \right], \quad s_0 \leqslant s < +\infty$$

式中，用 θ_δ 来代替 $(\theta_\delta - \delta_0)$，并以 θ_s 来代替 $(\theta_s - s_0)$。则故障概率为

$$\bar{R} = p[\delta \leqslant s] = \int_{-\infty}^{+\infty} [1 - F_s(\delta)] f_\delta(\delta) \mathrm{d}\delta =$$

$$\int_{\delta_0}^{+\infty} \exp\left[-\left(\frac{\delta - s_0}{\theta_s} \right)^{\beta_s} \right] \frac{\beta_\delta}{\theta_\delta} \left(\frac{\delta - \delta_0}{\theta_\delta} \right)^{\beta_\delta - 1} \times \exp\left[-\left(\frac{\delta - \delta_0}{\theta_\delta} \right)^{\beta_\delta} \right] \mathrm{d}\delta$$

令

$$Y = \left(\frac{\delta - \delta_0}{\theta_\delta} \right)^{\beta_\delta}$$

则

$$\mathrm{d}Y = \frac{\beta_\delta}{\theta_\delta} \left(\frac{\delta - \delta_0}{\theta_\delta} \right)^{\beta_\delta - 1} \mathrm{d}\delta$$

$$\delta = Y^{1/\beta_\delta} \theta_\delta + \delta_0$$

因此

$$\bar{R} = p[\delta \leqslant s] = \int_0^{+\infty} e^{-Y} \times \exp\left\{ -\left[\frac{\theta_\delta}{\theta_s} Y^{1/\beta_\delta} + \left(\frac{\delta_0 - s_0}{\theta_s} \right) \right]^{\beta_s} \right\} \mathrm{d}Y \tag{4.17}$$

关于式 (4.17) 中的积分值，已经有人用数值积分法对于强度和应力参数的不同组合进行了计算。

4.1.5　应力和强度均为伽马分布时的可靠度计算

随机变量 x 的伽马密度函数为

$$f(x) = \frac{\lambda^n x^{n-1} e^{-\lambda x}}{\Gamma(n)}, \quad n > 0, \lambda > 0, 0 \leqslant x < +\infty$$

式中，λ 称为尺度参数，n 称为形状参数。

首先考虑 $\lambda = 1$ 的情况,有

$$f_\delta(\delta) = \frac{1}{\Gamma(m)} \delta^{m-1} e^{-\delta}, \quad 0 \leqslant \delta < +\infty$$

$$f_s(s) = \frac{1}{\Gamma(n)} s^{n-1} e^{-s}, \quad 0 \leqslant s < +\infty$$

对于 $Y = \delta - s$,有

$$f_Y(Y) = \frac{1}{\Gamma(m)\Gamma(n)} \int_0^{+\infty} (Y+s)^{m-1} e^{-(Y+s)} s^{n-1} e^{-s} ds, \quad Y \geqslant 0$$

令

$$U = s/Y$$

则

$$dU = (1/Y)ds$$

现在有

$$f_Y(Y) = \frac{1}{\Gamma(m)\Gamma(n)} Y^{m+n-1} e^{-Y} \int_0^{+\infty} U^{n-1} (1+U)^{m-1} e^{-2YU} dU$$

于是

$$R = \int_0^{+\infty} f_Y(Y) dY = \frac{1}{\Gamma(m)\Gamma(n)} \int_0^{+\infty} Y^{m+n-1} e^{-Y} dY \int_0^{+\infty} U^{n-1} (1+U)^{m-1} e^{-2YU} dU$$

又由于

$$\int_0^{+\infty} Y^{m+n-1} e^{-(1+2U)Y} dY = \frac{\Gamma(m+n)}{(1+2U)^{m+n}}$$

因此

$$R = \frac{\Gamma(m+n)}{\Gamma(m)\Gamma(n)} \int_0^{+\infty} \frac{(1+U)^{m-1} U^{n-1}}{(1+2U)^{m+n}} dU = \frac{\Gamma(m+n)}{\Gamma(m)\Gamma(n)} \int_0^{1/2} (1-u)^{m-1} u^{n-1} du$$

式中

$$u = U/(1+2U)$$

上述积分是众所周知的贝塔函数 $B_{1/2}(m,n)$,于是

$$R = \frac{\Gamma(m+n)}{\Gamma(m)\Gamma(n)} B_{1/2}(m,n) \tag{4.18}$$

其次来考虑 $\lambda \neq 1$ 的一般情况,有

$$f_\delta(\delta) = \frac{\lambda^m}{\Gamma(m)} \delta^{m-1} e^{-\lambda\delta}, \quad \lambda > 0, m > 0, 0 \leqslant \delta < +\infty$$

$$f_s(s) = \frac{\mu^n}{\Gamma(n)} s^{n-1} e^{-\mu s}, \quad u > 0, n > 0, 0 \leqslant s < +\infty$$

和前面一样,有

$$R = \int_0^{+\infty} f_Y(Y) dY = \frac{\gamma^n \Gamma(m+n)}{\Gamma(m)\Gamma(n)} \int_0^{+\infty} \frac{(1+U)^{m-1} U^{n-1}}{[1+(1+\gamma)U]^{m+n}} dU$$

式中

$$\gamma = \mu/\lambda$$

如果令 $u = \gamma U/[1+(1+\gamma)U]$,则

$$R = \frac{\Gamma(m+n)}{\Gamma(m)\Gamma(n)} \int_0^{\gamma/(1+\gamma)} (1+u)^{m-1} u^{n-1} du$$

在积分限中仅含 γ,因此可靠度可以用不完全的贝塔函数来表达,此函数的截尾发生在 $\gamma/(1+\gamma)$ 处,而不在先前的 $1/2$ 处,即

$$R = \frac{\Gamma(m+n)}{\Gamma(m)\Gamma(n)} B_\gamma(1+\gamma)(m,n) \tag{4.19}$$

下面简略讨论三种特殊情况：

（1）如果 $m=n=1$，则 δ 和 s 是具有

$$R = \frac{\Gamma(2)}{\Gamma(1)\Gamma(1)} \int_0^{\gamma/(H\gamma)} \mathrm{d}u = \frac{\gamma}{1+\gamma} = \frac{\mu}{\mu+\lambda}$$

的指数分布，这与我们在式(4.16)中得到的结果相同。

（2）如果 $m=1, n \neq 1$，这种情况将在后文讨论。

（3）如果 $m \neq 1, n=1$，这种情况将在后文讨论。

4.2　应力和强度服从不同分布的可靠度计算

4.2.1　强度为正态(指数)分布而应力为指数(正态)分布时的可靠度计算

对于正态分布的强度，其密度函数为

$$f_\delta(\delta) = \frac{1}{\sigma_\delta \sqrt{2\pi}} \exp\left[-\frac{1}{2}\left(\frac{\delta-\mu_\delta}{\sigma_\delta}\right)^2\right], \quad -\infty < \delta < +\infty$$

而对于指数分布的应力，其密度函数为

$$f_s(s) = \lambda \mathrm{e}^{-\lambda s}, \quad s \geqslant 0$$

因为 $\qquad\qquad\qquad \mu_s = 1/\lambda, \quad \sigma_s = 1/\lambda$

由干涉理论方程式

$$R = \int_0^{+\infty} f_\delta(\delta)\left[\int_0^\delta f_s(s)\mathrm{d}s\right]\mathrm{d}\delta$$

且

$$\int_0^\delta f_s(s)\mathrm{d}s = \int_0^\delta \lambda \mathrm{e}^{-\lambda s}\mathrm{d}s = 1 - \mathrm{e}^{-\lambda \delta}$$

从而可得

$$R = \int_0^{+\infty} \frac{1}{\sigma_\delta \sqrt{2\pi}} \exp\left[-\frac{1}{2}\left(\frac{\delta-\mu_\delta}{\sigma_\delta}\right)^2\right](1-\mathrm{e}^{-\lambda \delta})\mathrm{d}\delta =$$

$$\frac{1}{\sigma_\delta \sqrt{2\pi}} \int_0^{+\infty} \exp\left[-\frac{1}{2}\left(\frac{\delta-\mu_\delta}{\sigma_\delta}\right)^2\right]\mathrm{d}\delta - \frac{1}{\sigma_\delta \sqrt{2\pi}} \int_0^{+\infty} \exp\left[-\frac{1}{2}\left(\frac{\delta-\mu_\delta}{\sigma_\delta}\right)^2\right]\mathrm{e}^{-\lambda \delta}\mathrm{d}\delta =$$

$$1 - \Phi\left(-\frac{\mu_\delta}{\sigma_\delta}\right) - \frac{1}{\sigma_\delta \sqrt{2\pi}} \int_0^{+\infty} \exp\left\{-\frac{1}{2\sigma_\delta^2}\left[(\delta-\mu_\delta+\lambda\sigma_\delta^2)^2 + (2\mu_\delta\lambda\sigma_\delta^2 - \lambda^2\sigma_\delta^4)\right]\right\}\mathrm{d}\delta \tag{4.20}$$

如果令

$$t = (\delta - \mu_\delta + \lambda\sigma_\delta^2)/\sigma_\delta$$

则 $\qquad\qquad\qquad\qquad \sigma_\delta \mathrm{d}t = \mathrm{d}\delta$

则此时 R 的表达式为

$$R = 1 - \Phi\left(-\frac{\mu_\delta}{\sigma_\delta}\right) - \frac{1}{\sqrt{2\pi}} \int_{\frac{\mu_\delta-\lambda\sigma_\delta^2}{\sigma_\delta}}^{+\infty} \exp\left(-\frac{t^2}{2}\right) \times \exp\left[-\frac{1}{2}(2\mu_\delta\lambda - \lambda^2\sigma_\delta^2)\right]\mathrm{d}t =$$

$$1 - \Phi\left(-\frac{\mu_\delta}{\sigma_\delta}\right) - \exp\left[-\frac{1}{2}(2\mu_\delta\lambda - \lambda^2\sigma_\delta^2)\right] \cdot \left[1 - \Phi\left(-\frac{\mu_\delta - \lambda\sigma_\delta^2}{\sigma_\delta}\right)\right] \tag{4.21}$$

当强度和应力分布互换时,亦即当强度为具有参数 λ_δ 的指数密度函数和应力为正态的并具有参数 μ_s 与 σ_s 时,则得到如下可靠表达式:

$$R = \int_0^{+\infty} f_s(s)\left[\int_s^{+\infty} f_\delta(\delta)\mathrm{d}\delta\right]\mathrm{d}s = \int_0^{+\infty} \frac{1}{\sigma_s\sqrt{2\pi}}\exp\left[-\frac{1}{2}\left(\frac{s - \mu_s}{\sigma_s}\right)^2\right] \cdot \exp(-\lambda_\delta s)\,\mathrm{d}s$$

经化简后得

$$R = \Phi\left(-\frac{\mu_s}{\sigma_s}\right) + \exp\left[-\frac{1}{2}(2\mu_s\lambda_\delta - \lambda_\delta^2\sigma_s^2)\right] \cdot \left[1 - \Phi\left(-\frac{\mu_s - \lambda_\delta^2\sigma_s^2}{\sigma_s}\right)\right] \tag{4.22}$$

式(4.22)是个与式(4.21)略有不同的表达式。

例 4.6 一种零件的强度服从正态分布,其 $\mu_\delta = 100$ MPa,$\sigma_\delta = 10$ MPa,作用在零件上的应力服从指数分布,其均值为 50 MPa,计算此零件的可靠度。

解 由式(4.21),有

$$R = 1 - \Phi(-10) - \exp\left\{-\frac{1}{2}\left[\frac{2 \times 100}{50} - \left(\frac{10}{50}\right)^2\right]\right\} \times \left[1 - \Phi\left(-\frac{100 - \frac{10^2}{50}}{10}\right)\right] =$$

$$1 - 0.0 - \exp(-1.98) \times (1 - 0.0) = 1 - 0.138\,06 = 0.861\,94$$

4.2.2 应力为正态分布而强度为威布尔分布时的可靠度计算

按威布尔分布的 δ,其概率密度函数为

$$f_\delta(\delta) = \left[\frac{\beta}{(\theta - \delta_0)^\beta}\right](\delta - \delta_0)^{\beta-1}\exp\left[-\left(\frac{\delta - \delta_0}{\theta - \delta_0}\right)^\beta\right], \quad \delta \geqslant \delta_1 \geqslant 0$$

式中　β——形状参数;

$(\theta - \delta_0)$——尺度参数;

δ_0——截尾参数。

当以上参数的强度值低于它们的事件时,其概率为零。

强度 δ 的分布函数为

$$F_\delta(\delta) = 1 - \exp\left[-\left(\frac{\delta - \delta_0}{\theta - \delta_0}\right)^\beta\right]$$

至于均值与方差,则为

$$\mu_\delta = \delta_0 + (\theta - \delta_0)\Gamma\left(\frac{1}{\beta} + 1\right)$$

$$\sigma_\delta^2 = (\theta - \delta_0)^2\left\{\Gamma\left(\frac{2}{\beta} + 1\right) - \left[\Gamma\left(\frac{1}{\beta} + 1\right)\right]^2\right\}$$

威布尔分布是三参数分布,它是极其灵活的,可以呈现多种多样的形状。$\beta = 1$ 时,它成为指数分布。

正态分布的应力 s 的概率密度函数为

$$f_s(s) = \frac{1}{\sigma_s\sqrt{2\pi}}\exp\left[-\frac{(s - \mu_s)^2}{2\sigma_s^2}\right], \quad -\infty < s < +\infty$$

故障概率表达式为

$$p(\delta \leqslant s) = \int_{-\infty}^{+\infty} f_s(s) F_\delta(s) \mathrm{d}s = \int_{\delta_0}^{+\infty} \frac{1}{\sigma_s \sqrt{2\pi}} \exp\left[-\frac{(s-\mu_s)^2}{2\sigma_s^2}\right] \times \left\{1 - \exp\left[-\left(\frac{s-\delta_0}{\theta-\delta_0}\right)^\beta\right]\right\} \mathrm{d}s =$$

$$\int_{\delta_0}^{+\infty} \frac{1}{\sigma_s \sqrt{2\pi}} \exp\left[-\frac{(s-\mu_s)^2}{2\sigma_s^2}\right] \mathrm{d}s - \frac{1}{\sigma_s \sqrt{2\pi}} \times \int_{\delta_0}^{+\infty} \exp\left[-\frac{(s-\mu_s)^2}{2\sigma_s^2} - \left(\frac{s-\delta_0}{\theta-\delta_0}\right)^\beta\right] \mathrm{d}s$$

$$(4.23)$$

考虑变换

$$Z = (s - \mu_s)/\sigma_s$$

则第一个积分是在标准正态密度曲线下从 $Z = (\delta_0 - \mu_s)/\sigma_s$ 到 $Z \to +\infty$ 的面积,用 $1 - \Phi[(\delta_0 - \mu_s)/\delta_s]$ 来表示。

进而令

$$Y = (s - \delta_0)/(\theta - \delta_0)$$

则

$$\mathrm{d}Y = \mathrm{d}s/(\theta - \delta_0), \quad s = Y(\theta - \delta_0) + \delta_0$$

注意到

$$\frac{(s-\mu_s)^2}{2\sigma_s^2} = \frac{[Y(\theta-\delta_0) + \delta_0 - \mu_s]^2}{2\sigma_s^2} = \frac{1}{2}\left[\left(\frac{\theta-\delta_0}{\sigma_s}\right)Y + \frac{\delta_0 - \mu_s}{\sigma_s}\right]^2$$

于是,式(4.23)右边的第二项可改为

$$\frac{1}{\sqrt{2\pi}}\left(\frac{\theta-\delta_0}{\sigma_s}\right)\int_0^{+\infty} \exp\left\{-Y^\beta - \frac{1}{2}\left[\left(\frac{\theta-\delta_0}{\sigma_s}\right)Y + \frac{\delta_0 - \mu_s}{\sigma_s}\right]^2\right\} \mathrm{d}Y$$

在上式中,参数 $\beta, \dfrac{\theta-\delta_0}{\sigma_s}, \dfrac{\delta_0 - \mu_s}{\sigma_s}$ 是明显的。

因此,故障概率为

$$p(\delta \leqslant s) = 1 - \Phi\left(\frac{\delta_0 - \mu_s}{\sigma_s}\right) - \frac{1}{\sqrt{2\pi}}\left(\frac{\theta-\delta_0}{\sigma_s}\right) \cdot \int_0^{+\infty} \exp\left\{-Y^\beta - \frac{1}{2}\left[\left(\frac{\theta-\delta_0}{\sigma_s}\right)Y + \frac{\delta_0 - \mu_s}{\sigma_s}\right]^2\right\} \mathrm{d}Y$$

$$(4.24)$$

已经有人采用了数值积分法对于上述积分在不同参数下进行了计算,其结果列成了数表。

例 4.7　某导弹活门弹簧必须按故障概率为 10^{-4} 进行设计,制造弹簧用的材料具有威布尔分布,参数 $\delta_0 = 100\ 000$ psi,$\beta = 3$,$\theta = 130\ 000$ psi,作用在弹簧上的载荷可看作是正态分布的,其变量系数为 $\sigma_s/\mu_s = 0.02$。试计算容许的正态应力参数,以获得规定的可靠度。

解

$$c = \frac{\theta - \delta_0}{\sigma_s} = \frac{130\ 000 - 100\ 000}{\sigma_s} = \frac{30\ 000}{\sigma_s}$$

$$A = \frac{\delta_0 - \mu_s}{\sigma_s} = \frac{100\ 000 - 50\sigma_s}{\sigma_s} = \frac{100\ 000}{30\ 000/c} - 50 = 3.333c - 50$$

或

$$c = 0.3A + 15$$

从有关的积分数表,可看到当 $A = 0.6$ 和 $c = 15$ 时故障概率为 $0.000\ 1$,当 $A = 0.6$ 时 c 的精确值为

$$c = 0.3 \times 0.6 + 15 = 15.18$$

从而得

$$\sigma_s = \frac{30\ 000}{15.18} = 1\ 970 \text{ psi}$$

$$\mu_s = \frac{\sigma_s}{0.02} = 98\ 500\ \text{psi}$$

例 4.8 有一元件必须按故障概率为 0.000 2 进行设计,只有以下两个按威布尔分布的强度参数为已知,即

$$\beta = 2.0, \quad \theta = 550\ 000\ \text{kPa}$$

作用在元件上的应力是正态分布的,其均值为 $\mu_s = 100\ 000$ kPa 且标准偏差为 $\sigma_s = 10\ 000$ kPa。试求出元件的最小强度参数 δ_0。

解 由于

$$c = \frac{\theta - \delta_0}{\sigma_s} = \frac{550\ 000 - \delta_0}{10\ 000}$$

$$A = \frac{\delta_0 - \mu_s}{\sigma_s} = \frac{\delta_0 - 100\ 000}{10\ 000}$$

消去 δ_0,得

$$A = 45 - c$$

从相关积分表中可知,当 $c = 45, A = 0$ 时可得所需的故障概率 0.000 2。使 $A = 0$,则有

$$\delta_0 = 100\ 000\ \text{kPa}$$

4.3　可靠度的图解法

对于应力和强度,不论它们各是哪一种分布,也不论它们是哪两种不同分布的组合,甚至只有应力 s 和强度 δ 的实测统计数据而不知它们的理论分布时,都可用图解法来近似地计算零件的可靠度。

4.3.1　图解法的基本原理

零件的可靠度 R 的计算式为

$$R = P(\delta > s) = \int_{-\infty}^{+\infty} f(s) \left[\int_s^{+\infty} g(\delta) \mathrm{d}\delta \right] \mathrm{d}s \tag{4.25}$$

令

$$G = \int_s^{+\infty} g(\delta) \mathrm{d}\delta = 1 - G_\delta(s)$$

$$H = \int_0^s f(s) \mathrm{d}s$$

则

$$\mathrm{d}H = f(s)\,\mathrm{d}s$$

由累积分布函数的性质可知,G 和 H 的极限范围是由 $0 \sim 1$,由此得

$$R = \int_0^1 G \mathrm{d}H \tag{4.26}$$

式(4.26)说明,在 $G\text{-}H$ 函数曲线下的面积就表示零件的可靠度,即零件的可靠度是在区间 $[0,1]$ 内曲线 $G = \varphi(H)$ 下的面积,如图 4-1 所示。根据应力 s 和强度 δ 的数据,便不难确定在不同 s 下的 $G_\delta(s)$ 和 $F_s(s)$ 值,由此得到 G 和 H 的值。画出一曲线并量出其曲线下的面积,即为所求的可靠度。

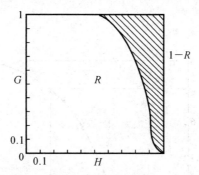

图 4-1　图解法求可靠度用的 G-H 曲线

4.3.2　用图解法求可靠度的步骤

当不知应力 s 和强度 δ 的理论分布而仅有它们的实测统计数据资料时,可采用图解法按下列步骤求可靠度。

(1) 将实测的应力与强度的统计数据按由小到大进行排列:$s_1,s_2,\cdots,s_i,\cdots,s_n;\delta_1,$ $\delta_2,\cdots,\delta_i,\cdots,\delta_m$,采用平均秩或中位秩作为母体失效概率的估计值,即当数据的个数 $n<20$, $m<20$ 时,按平均秩:

$$\hat{F}_s(s_i)=\frac{i}{n+1}\quad(i=1,2,\cdots,n)$$

$$\hat{G}_\delta(\delta_i)=\frac{i}{m+1}\quad(i=1,2,\cdots,m)$$

或按中位秩:

$$\hat{F}_s(s_i)\approx\frac{i-0.3}{n+0.4}\quad(i=1,2,\cdots,n)$$

$$\hat{G}_\delta(\delta_i)\approx\frac{i-0.3}{m+0.4}\quad(i=1,2,\cdots,m)$$

当 $n>20,m>20$ 时,有

$$\hat{F}_s(s_i)=\frac{i}{n}\quad(i=1,2,\cdots,n)$$

$$\hat{G}_\delta(\delta_i)=\frac{i}{m}\quad(i=1,2,\cdots,m)$$

(2) 由 $[s_i,\hat{F}_s(s_i)]$ 数据组作出应力 s 的统计分布曲线(见图 4-2),由 $[\delta_i,\hat{G}_\delta(\delta_i)]$ 数据组作出强度 δ 的统计分布曲线(见图 4-3),并对各 s_i 值由图 4-2 与图 4-3 查出相应的 $\hat{F}_s(s_i)$ 及 $\hat{G}_\delta(s_i)$ 值,从而求得

$$\left.\begin{array}{l}G_i=1-\hat{G}_\delta(s_i)\\H_i=\hat{F}_s(s_i)\end{array}\right\}\tag{4.27}$$

(3) 由所得的数据组 $[H_i,G_i]$ 画出 G-H 曲线。

(4) 量出 G-H 曲线下的面积即为所求的可靠度 R 值。

当已知应力 s 和强度 δ 的理论分布而采用图解法求可靠度时,则可直接由分布函数公式求出 $F_s(s_i)$ 和 $G_\delta(s_i)$,而省去上述相应步骤。

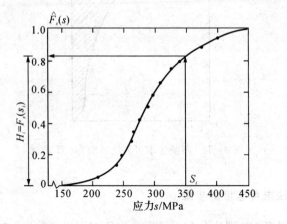

图 4 - 2   应力 s 的统计（估计）分布曲线

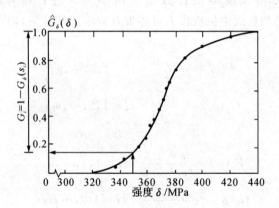

图 4 - 3   强度 δ 的统计（估计）分布曲线

例 4.9   今测得某零件的工作应力和抗拉屈服强度见表 4-1 和表 4-2，求该零件不发生屈服失效的可靠度。

解   用图解法按中位秩 $\hat{F}_s(s_i) \approx \dfrac{i-0.3}{n+0.4}$ 计算 $\hat{F}_s(s_i)$，$\hat{G}_\delta(s_i)$ 并分别列入应力和强度表中（见表 4-1 和表 4-2）。

（1）按表 4-1、表 4-2 中的数据绘出应力 s 的统计（估计）分布曲线和强度 δ 的统计（估计）分布曲线（见图 4-2 和图 4-3），并由图求出相应的 $\hat{F}_s(s_i)$，$\hat{G}_\delta(s_i)$ 值进而求得

$$G_i = 1 - \hat{G}_\delta(s_i)$$
$$H_i = \hat{F}_s(s_i)$$

将所得的数据组 $[H_i, G_i]$（$i=1,2,\cdots$）列入表 4-3 中。

（2）由所得的数据组 $[H_i, G_i]$（见表 4-3）画出 G-H 曲线（见图 4-1）。

（3）量出 G-H 曲线下的面积为 $0.882\,0$，即该零件的可靠度为 $R = 0.882\,0$。

表 4 - 1　应力数据表

序　号	应力 s/MPa	$\hat{F}_s(s)$
1	208	0.052
2	240	0.127
3	245	0.201
4	263	0.276
5	266	0.351
6	274	0.425
7	293	0.500
8	300	0.575
9	310	0.649
10	325	0.724
11	339	0.799
12	375	0.873
13	400	0.948

表 4 - 2　强度数据表

序　号	强度 δ/MPa	$\hat{G}_\delta(s)$
1	337	0.049
2	342	0.118
3	354	0.188
4	359	0.257
5	360	0.326
6	362	0.396
7	369	0.465
8	370	0.535
9	371	0.604
10	373	0.674
11	380	0.743
12	385	0.813
13	400	0.882
14	420	0.951

表 4-3 *H* 与 *G* 值

应力 s/MPa	$H_i = \hat{F}_s(s)$	$G_i = 1 - \hat{G}_\delta(s)$	应力 s/MPa	$H_i = \hat{F}_s(s)$	$G_i = 1 - \hat{G}_\delta(s)$
0	0	1.00	350	0.83	0.85
100	0	1.00	360	0.85	0.69
150	0	1.00	370	0.88	0.51
200	0.04	1.00	380	0.91	0.28
250	0.21	1.00	390	0.93	0.15
300	0.58	1.00	400	0.95	0.10
320	0.70	0.99	410	0.97	0.06
330	0.73	0.97	420	0.99	0.03
340	0.80	0.93			

4.4 可靠度的数值积分法与模拟法

4.4.1 用数值积分法求可靠度

利用解析法求可靠度有时会很困难,而利用数值积分法则比较方便。数值积分法是一种理想的计算方法,常用的方法是以 Simpson 法则在电子计算机上进行计算。虽然求得的是精确解的近似解,但通常足以满足工程计算的精度要求,且能计算各种复杂的分布。目前国外已开发了许多用来计算可靠度的计算机程序。下面介绍可靠度一般表达式的数值积分法。

如图 4-4 所示,如果 $F_\delta(x)$,$F_s(x)$ 分别是强度和应力的分布函数,$f_\delta(\delta)$,$f_s(s)$ 分别为强度和应力的概率密度函数,则根据故障概率公式

$$F = P(\delta \leqslant s) = 1 - \int_{-\infty}^{+\infty} f_s(s) \left[\int_s^{+\infty} f_\delta(\delta) \right] ds = 1 - \int_{-\infty}^{+\infty} f_s(s) \left[1 - F_\delta(s) \right] ds =$$

$$\int_{-\infty}^{+\infty} F_\delta(s) f_s(s) ds$$

及图 4-4,有

$$F = \int_0^{+\infty} F_\delta(s) f_s(s) ds = \int_0^{+\infty} F_\delta(s) dF_s(s) \approx \sum_{i=1}^n F_\delta(s) \cdot \Delta F_s(s) \tag{4.28}$$

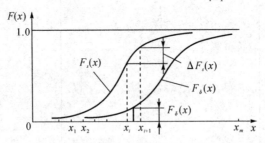

图 4-4 用数值积分法求可靠度

在图 4-4 上,如将 x 轴在统计范围内 m 等分,则上式又可写为

$$F \approx \sum_{i=1}^{m-1} \frac{1}{2} \left[F_\delta(x_{i+1}) + F_\delta(x_i) \right] \left[F_s(x_{i+1}) - F_s(x_i) \right] \tag{4.29}$$

可靠度为

$$R = 1 - F$$

　　由于积分范围是从 $x=0$ 到 $x=+\infty$，而数值计算只能在一定区间 $[x_0,x_{m-1}]$ 内进行，因此，选取区间范围 $[x_0,x_{m-1}]$ 时，主要是根据 $F(x)\approx 0$ 和 $\Delta F(x)\approx 0$ 区间初选。区间取得愈大、在区间内取的等分点愈多，则计算结果的误差就愈小，但计算量增大。采用列表计算，既方便又清晰，下面举例说明。

　　例 4.10　某零件的强度呈正态分布，其均值 $\mu_\delta=100$ MPa，标准差 $\sigma_\delta=10$ MPa，而其工作应力呈指数分布，均值为 $\mu_s=\dfrac{1}{\lambda_s}=60$ MPa。试由数值积分法求该零件的可靠度。

　　解　(1) 选择区间 $[x_0,x_{m-1}]$，考虑到强度为正态分布，其在 $\pm 3\sigma_\delta$ 以外的概率很小，故取

$$x_0=\mu_\delta-3\sigma_\delta=100-3\times 10=70 \text{ MPa}$$

$$x_{m-1}=\mu_\delta+3\sigma_\delta=100+3\times 10=130 \text{ MPa}$$

(2) 选择区间内等分点的间隔，取 5 MPa。

　　计算 $F_\delta(x)$ 及 $F_s(x)$：$F_\delta(x_i)$ 为正态分布，$F_\delta(x_i)=\Phi\left(\dfrac{x_i-\mu_\delta}{\sigma_\delta}\right)$，查正态分布表将求得的 $F_\delta(x_i)$ 的数据列入表 4-4 中。

　　$F_s(x_i)$ 为指数分布，$F_s(x_i)=1-\mathrm{e}^{-x_i/\mu_s}$，查指数分布表求得结果后列入表 4-4 中。

(3) 求 F 及 R。按表 4-4 所列的程序进行计算，最后得

$$F=\sum_{i=1}^{14}\frac{1}{2}[F_\delta(x_{i+1})+F_\delta(x_{i+1})]\cdot[F_s(x_{i+1})-F_s(x_i)]=0.192\ 23$$

$$R=1-F=0.807\ 77$$

表 4-4　数值积分法计算表

序号 i	区间 x_i	$z_i=\dfrac{x_i-\mu_\delta}{\sigma_\delta}=\dfrac{x_i-100}{10}$	$F_\delta(x_i)=\Phi\left(\dfrac{x_i-100}{10}\right)$	$F_s(x_i)=1-\mathrm{e}^{-x_i/60}$	$\dfrac{1}{2}[F_\delta(x_{i+1})+F_\delta(x_i)]$	$F_s(x_{i+1})-F_s(x_i)$	$\dfrac{1}{2}[F_\delta(x_{i+1})+F_\delta(x_i)]\times[F_s(x_{i+1})-F_s(x_i)]$
0	0	-10	0.000 0	0.000 0			
1	70	-3.0	0.001 35	0.689 6	0.000 675	0.689 6	0.000 465 5
2	~ 75	-2.5	0.006 21	0.713 5	0.003 78	0.023 9	0.000 090 3
3	~ 80	-2.0	0.022 75	0.736 0	0.014 48	0.022 5	0.000 326
4	~ 85	-1.5	0.066 81	0.758 3	0.044 78	0.022 3	0.000 999
5	~ 90	-1.0	0.158 7	0.776 9	0.112 76	0.018 6	0.002 210
6	~ 95	-0.5	0.308 5	0.794 0	0.233 6	0.017 1	0.003 995
7	~ 100	0.0	0.500 0	0.811 8	0.404 3	0.017 8	0.007 196
8	~ 105	0.5	0.691 5	0.826 2	0.595 8	0.014 4	0.008 579
9	~ 110	1.0	0.841 5	0.839 5	0.766 4	0.013 3	0.010 193
10	~ 115	1.5	0.933 2	0.853 3	0.887 3	0.013 8	0.012 245
11	~ 120	2.0	0.977 3	0.864 7	0.955 3	0.011 4	0.010 890
12	~ 125	2.5	0.993 8	0.875 0	0.985 6	0.010 3	0.010 152
13	~ 130	3.0	0.998 7	0.885 8	0.996 3	0.010 8	0.010 760
14	$\sim \infty$	∞	1.000 0	1.000	0.999 4	0.114 2	0.114 131

4.4.2 用 Monte-Carlo 模拟法求可靠度

Monte-Carlo 模拟法不仅可用于确定应力分布和强度分布,而且可用于综合应力分布和强度分布,并计算出可靠度。

Monte-Carlo 模拟法在应力-强度分布干涉理论中的应用,实际做法就是从应力分布中随机地抽取一个应力值(样本),再从强度分布中随机地抽出一个强度值(样本),然后将这两个样本相比较,如果应力大于强度,则零件失效;反之,零件安全可靠。每一次随机模拟相当于对一个随机抽取的零件进行一次试验,通过大量重复的随机抽样及比较,就可得到零件的总失效数,从而可以求得零件的失效概率或可靠度的近似值。抽样次数愈多,则模拟精度愈高。要获得可靠的模拟计算结果,往往要进行千次以上甚至上万次的模拟。因此,随机模拟需由计算机完成。

1. 用 Monte-Carlo 模拟法求可靠度的思路

(1) 输入原始资料,例如零件的工作应力 s 及强度 δ 的函数表达式,确定计算可靠度的公式为 $R=P(\delta-s>0)$,令 $k=0$ 。

(2) 用 Monte-Carlo 蒙特卡罗模拟法确定应力分布和强度分布,得出应力和强度的概率密度函数 $f(s)$,$g(\delta)$;应力和强度的累积分布函数 $F_s(s)$,$G_\delta(\delta)$ 。

(3) 生成应力和强度在 $[0,1]$ 之间服从均匀分布的伪随机数 RN_{s_j} 和 RN_{δ_j} (见图 4-5),算出成对的 S_j,δ_j 。其中,j 为模拟次数的标号,$j=1,2,\cdots,1\,000$ 或更大。

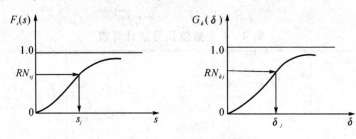

图 4-5　生成伪随机数

(4) 将得出的 $s_j,\delta_j(j=1,2,\cdots,1\,000,\cdots,N)$ 进行比较,得

$$(\delta_j - s_j) > 0$$

若满足上式则记为 1,即 $k=k+1$,否则记为 0。

(5) 重复第(3)步、第(4)步,直至 $j=N(N \geqslant 1\,000,N$ 为总的模拟次数)。

(6) 得出满足 $(\delta-s)>0$ 的总次数 $k=N_{(\delta-s)>0}$ 。

(7) 计算可靠度 $R=\dfrac{N_{(\delta-s)>0}}{N}$ 。

也可以省去上述步骤(2),即不必确定应力和强度的分布,而直接抽出决定应力和强度的各随机变量,计算应力与强度并比较它们的大小。

2. 用 Monte-Carlo 法求可靠度的直接模拟步骤

(1) 确定随机模拟次数 N 并输入原始资料:应力表达式 $X=f_s(X_1,X_2,\cdots,X_m)$;强度表达式 $Y=f_\delta(Y_1,Y_2,\cdots,Y_n)$;影响应力及强度的各种独立的随机变量 $X_1,X_2,\cdots,X_m$ 及 $Y_1,Y_2,\cdots,Y_n$ 的分布规律,均值及标准差 (μ_{X_i},σ_{X_i}) ,(μ_{Y_i},σ_{Y_i}) $(i=1,2,\cdots,m;j=1,2,\cdots,n)$ 等,

令 $k=0$。

（2）从每种随机变量中各产生符合其分布规律的 N 个随机数（N 可为 1 000，10 000 等）组成随机数组，这样就产生了 $(m+n)$ 个符合各自随机变量分布规律的随机数组。

（3）从影响零件工作应力的 m 个随机数组中，各抽出一个随机数，代入应力表达式，计算出一种应力值 X。

（4）从影响零件强度的 n 个随机数组中，各抽出一个随机数，代入强度表达式，计算出一种强度值 Y。

（5）比较应力及强度，当 $Y-X>0$ 时，则零件可靠，记入 1，即 $k=k+1$；当 $Y-X<0$ 时，则零件失效，记入 0。

（6）重复上述步骤（3）（4）（5），直至抽完各数组中的 N 个随机数为止。

（7）将记录的零件可靠次数（$k=k+1$）的总数 $N_{Y>x}$ 与 N 相除，即可得到 N 次模拟时的零件可靠度值 $R=\dfrac{N_{Y>x}}{N}$。N 愈大，则模拟结果的精度愈高。

（8）应用有关计算式也可以估计可靠度的 $100(1-\alpha)\%$ 的置信区间。

由上述可见，采用 Monte-Carlo 随机模拟法求可靠度时，不一定需要知道应力与强度的分布规律；此外，对于前述用干涉理论解析法难以处理的分布，也可以用模拟法求解。这些都是它的优点；但其模拟次数多，重复计算工作量大，需要花费一定机时。

第5章 基于应力-强度-时间模型的可靠度计算

在应力-强度模型可靠度计算中,认为应力、强度与时间是没有关系的。事实上,导弹武器装备在贮存与使用中,随着贮存时间的延长与使用次数的增加,装备(特别是地面设备)抵抗失效的能力(即强度)是在不断降低的。例如,非金属件在贮存期间因为老化导致其机械强度、弹性、密封性、绝缘性等都不断下降;金属件由于腐蚀和疲劳裂纹的不断扩展,机械强度随时间下降等。不仅强度如此,应力有时随时间也是变化的,如导弹飞行中弹体受到的随机阵风载荷和轴向压力、电子设备中晶体管的热应力等。因为应力和强度与时间有关,所以装备的可靠度或故障概率必然是时间的函数,静态的应力和强度干涉模型无法计算其可靠度。本章将要学习在应力-强度模型中引入时间因素,用于分析可靠性随时间变化的应力-强度-时间模型(Stress-Strength-Time,简称SST模型)。在引入时间因素后,应力和强度均变为随机过程,使可靠性计算变得更加复杂。目前,对于把强度与应力看成全随机过程的动态可靠性分析还处在研究探索阶段。为了简化计算,大多数把随机过程简化成一系列随机变量的集合。因此,动态可靠性问题就转化为一系列静态可靠性问题,即用静态可靠性分析方法计算随时间变化的动态可靠性。本章将以与应力或载荷作用时刻相对应的一系列应力和强度随机变量近似替代实际的随机过程研究可靠性的动态变化情况,更为复杂的情况可参考专题介绍动态可靠性的书籍。需要说明的是,本章涉及的应力和强度依然是广义的。

5.1 确定循环时间下的可靠度计算

5.1.1 确定应力下的可靠度计算

1. 确定的应力和确定的强度

设 X_i 和 Y_i 分别为作用第 i 次载荷时的应力和强度($i=1,2,\cdots$),则

$$R_n = P[E_1, E_2, \cdots, E_n] \tag{5.1}$$

式中,E_i 为在第 i 次载荷作用时不发生故障的事件,因此有

$$R_n = \begin{cases} 0 & (\text{对于一些 } i, X_i > Y_i, 1 \leqslant i \leqslant n) \\ 1 & (\text{若对于所有 } i, X_i \leqslant Y_i, 1 \leqslant i \leqslant n) \end{cases} \tag{5.2}$$

考虑一种特殊情况,即应力不随时间递减,而强度不随时间递增,这时只要通过一次比较(在 X_n 和 Y_n 之间)就可以确定 R_n。

2. 确定的应力和随机-确定的强度

设应力 X_0 为常数,为了简便起见,假定作用第 i 次载荷时的强度 Y_i 为

$$Y_i = Y_0 - a_i, \quad i = 1, 2, \cdots \tag{5.3}$$

式中 Y_0 —— 初始强度,其概率密度函数为 $g_0(y_0)$;

a_i —— 不随时间递减的已知常数,$a_i \geqslant 0$。

则 $\quad P(E_n) = P(X_n \leqslant Y_n) = P(X_0 \leqslant Y_0 - a_n) = P(Y_0 \geqslant X_0 + a_n) = \int_{x_0+a_n}^{+\infty} g_0(y_0)\mathrm{d}y_0$

$$(5.4)$$

而且

$$R_n = P[E_1, E_2, \cdots, E_n] = P[E_1 \mid E_2, E_3, \cdots, E_n] \times P[E_2, E_3, \cdots, E_n] =$$

$$P[E_1 \mid E_2, E_3, \cdots E_n] \times P[E_2 \mid E_3, E_4, \cdots, E_n] \times P[E_3, E_4, \cdots, E_n] =$$

$$P[E_1 \mid E_2, E_3, \cdots E_n] \times P[E_2 \mid E_3, E_4, \cdots, E_n] \times \cdots \times P[E_{n-1} \mid E_n] \times P[E_n] \quad (5.5)$$

由于 a_i 为不随时间递减的非负数,式(5.5)等号右边除了最后的因子 $P[E_n]$ 外都是 1,即只有最后的因子才有强度小于应力的可能。因此

$$R_n = P[E_n] = \int_{x_0+a_n}^{+\infty} g_0(y_0)\mathrm{d}y_0 \quad (5.6)$$

设 $R_{n,n-1}$ 是 $(n-1)$ 次循环下可靠后再作用第 n 次循环依然可靠的条件可靠度,则

$$R_{n,n-1} = P[E_n \mid E_1, E_2, \cdots, E_{n-1}] = \frac{P[E_1, E_2, \cdots, E_n]}{P[E_1, E_2, \cdots, E_{n-1}]} = \frac{R_n}{R_{n-1}} \quad (5.7)$$

3. 确定的应力和随机-无关的强度

设应力为常数 X_0,第 i 次载荷作用后强度 Y_i 的为 $g_i(y)$。由于强度为随机无关,可得

$$R_n = P[E_1, E_2, \cdots, E_n] = P[E_1] \times P[E_2] \times \cdots \times P[E_n] \quad (5.8)$$

式中

$$P[E_i] = P(X_0 \leqslant Y_i) = \int_{x_0}^{+\infty} g_i(y)\mathrm{d}y \quad (i = 1, 2, \cdots, n) \quad (5.9)$$

特殊地,若 $g_i(y)$ 不随时间变化,即

$$g_1(y) = g_2(y) = \cdots = g_n(y) = g(y)$$

则

$$R_n = \{P[E_i]\}^n = \left[\int_{x_0}^{+\infty} g(y)\mathrm{d}y\right]^n \quad (5.10)$$

5.1.2 随机确定应力下可靠度的计算

1. 随机-确定的应力和确定的强度

此种情况是 5.1.1 小节 2. 项的镜像,设强度为常数 Y_0,为简便起见,令第 i 次载荷作用后的应力为

$$X_i = X_0 + b_i \quad (i = 1, 2, \cdots) \quad (5.11)$$

式中,b_i 是非负且不随时间递减的已知常数,X_0 的概率密度函数为 $f_0(x_0)$。

由于 b_i 不随时间递减,则有

$$R_n = P[E_n] = P(X_n \leqslant Y_n) = P(X_0 + b_n \leqslant Y_0) = P(X_0 \leqslant Y_0 - b_n) = \int_0^{y_0-b_n} f_0(x_0)\mathrm{d}x_0$$

$$(5.12)$$

2. 随机-确定的应力和随机-确定的强度

设应力为

$$X_i = X_0 + b_i \quad (i = 1, 2, \cdots) \quad (5.13)$$

式中,b_i 为非负且不随时间递减的已知常数,X_0 的概率密度函数为 $f_0(x_0)$。

设强度为

$$Y_i = Y_0 - a_i \quad (i = 1, 2, \cdots) \tag{5.14}$$

式中，a_i 为非负且不随时间递减的已知常数，Y_0 的概率密度函数为 $g_0(y_0)$。

因为 a_i 和 b_i 的限制，有

$$R_n = P[E_n] = P(X_n \leqslant Y_n) = P(X_0 + b_n \leqslant Y_0 - a_n) = P(X_0 - Y_0 \leqslant -a_n - b_n) =$$
$$\int_0^{+\infty} g_0(y_0) \left[\int_0^{y_0 - a_n - b_n} f_0(x_0) \mathrm{d}x_0 \right] \mathrm{d}y_0 \tag{5.15}$$

特殊地，若应力和强度不随时间而变化，即 $a_i = b_i = 0 (i = 1, 2 \cdots)$，则很容易看出式(5.16)等号右边部分就是应力-强度干涉模型的可靠度标准表达式。

3. 随机-确定的应力和随机-无关的强度

这种情况下的可靠性计算相对复杂，方便起见，针对下面简化的情形计算其可靠性。假定每次作用的应力 X 均是概率密度函数为 $f(x)$ 的随机变量，且强度 $Y_1, Y_2, \cdots, Y_n$ 的概率密度函数也均为 $g(y)$，则

$$R_n = P[E_1, E_2, \cdots, E_n] = P[(Y_1 > X) \bigcap (Y_2 > X) \bigcap \cdots \bigcap (Y_n > X)] =$$
$$P[\min(Y_1, Y_2, \cdots, Y_n) > X] \tag{5.16}$$

令 $Y_{\min} = \min(Y_1, Y_2, \cdots, Y_n)$，$Y_{\min}$ 的累积分布函数为

$$G_n(y) = 1 - [1 - G(y)]^n \tag{5.17}$$

则式(5.16)可以改写为

$$R_n = P[Y_{\min} > X]$$

于是

$$R_n = \int_0^{+\infty} f(x) [1 - g(x)]^n \mathrm{d}x \tag{5.18}$$

5.1.3 随机无关应力下可靠度的计算

1. 随机-无关的应力和确定的强度

该种情况是 5.1.1 小节 3. 项的镜像，强度 Y_0 是确定的，则有

$$R_n = P(E_1) P(E_2) \cdots P(E_n) \tag{5.19}$$

式中

$$P(E_i) = P(X_i \leqslant Y_0) = \int_0^{y_0} f_i(x) \mathrm{d}x \tag{5.20}$$

式中，$f_i(x)$ 为第 i 次载荷应力 X_i 的概率密度函数。

特殊地，若 $f_1(x) = f_2(x) = \cdots = f_n(x) = f(x)$，则

$$R_n = [P(E_1)]^n = \left[\int_0^{y_0} f(x) \mathrm{d}x \right]^n \tag{5.21}$$

2. 随机-无关的应力和随机-确定的强度

该种情况是 5.1.2 小节 3. 项的镜像，假定强度的概率密度函数均为 $g(y)$，则

$$R_n = P[(X_1 < Y) \bigcap (X_2 < Y) \bigcap \cdots \bigcap (X_n < Y)] = P[\max(X_1, X_2, \cdots, X_n) < Y]$$

设 $X_{\max} = \max(X_1, X_2, \cdots, X_n)$，若应力的概率密度函数均为 $f(x)$，则 $X_{\max}$ 的累积分布函数为

$$F_n(x) = [F(x)]^n$$

于是
$$R_n = \int_0^{+\infty} g(y) \left[F(y) \right]^n \mathrm{d}y \tag{5.22}$$

3.随机-无关的应力和随机-无关的强度

设 $f_i(x)$ 和 $g_i(y)$ 分别为在应力 X_i 和强度 Y_i 的概率密度函数,由于 X_i 和 Y_i 都是随机无关的,则

$$R_n = P\left[E_n, E_{n-1}, \cdots, E_1\right] = P(E_n)P(E_{n-1})\cdots P(E_1) = \prod_{i=1}^n P(E_i)$$

式中

$$P(E_i) = P(X_i \leqslant Y_i) = \int_0^{+\infty} f_i(x) \int_x^{+\infty} g_i(y)\mathrm{d}x$$

特殊地,若 $f_i(x)f$ 和 $g_i(y)$ 不随时间改变,则

$$R_n = \prod_{i=1}^n P(E_i) = \left[P(E_i) \right]^n \tag{5.23}$$

5.2　随机循环时间下的可靠度计算

当载荷作用的时间不确定时,则一段时间内载荷作用的次数也是随机的,这里我们仅讨论载荷作用次数服从 Poisson 分布的情况,对于其他分布可仿照 Poisson 分布进行分析。于是,时间区间 $[0, t]$ 内作用 i 次载荷的概率 $\pi_i(t)$ 为

$$\pi_i(t) = \frac{\mathrm{e}^{-\alpha t} (\alpha t)^i}{i!} \quad (i = 0, 1, 2, \cdots) \tag{5.24}$$

式中,α 为单位时间内载荷平均数,αt 表示时间 t 范围内载荷平均数。

在上一节已经知道,如果已知时间 t 范围内作用了 i 次载荷,则其可靠度为 R_i。因此,对于载荷作用时间不确定情况下的可靠度 $R(t)$ 可通过下式计算:

$$R(t) = \sum_{i=0}^{+\infty} \pi_i(t) R_i \tag{5.25}$$

同样,仿照 5.1 节分析载荷作用时间不确定时应力和强度九种组合情形下的可靠度。

5.2.1　确定应力下的可靠度计算

1.确定的应力和确定的强度

设应力 X_i 是已知的且不减小,强度 Y_i 是已知的且不增大。令 n^* 满足下列条件:

$$R_i = \begin{cases} 1 & (i = 0, 1, 2, \cdots, n^*) \\ 0 & (i = n^* + 1, n^* + 2, \cdots) \end{cases}$$

则

$$R(t) = \sum_{i=0}^{+\infty} \pi_i(t) R_i = \sum_{i=1}^{n^*} \pi_i(t) = \sum_{i=1}^{n^*} \frac{\mathrm{e}^{-\alpha t} (\alpha t)^i}{i!} \tag{5.26}$$

特殊地,若 $X_i = X$ 和 $Y_i = Y$,$i = 1, 2, \cdots$,再则 n^* 或为零($X_0 > Y_0$)或为无限大($X_0 \leqslant Y_0$),分别得出

$$R(t) = \pi_0(t) R_0 = \mathrm{e}^{-\alpha t} \quad (假定 R_0 = 1) \tag{5.27}$$

或
$$R(t) = \sum_{i=0}^{+\infty} \pi_i(t) R_i = 1 \times \sum_{i=0}^{n^*} \pi_i(t) = 1 \tag{5.28}$$

2. 确定的应力和随机-确定的强度

设应力是已知的常数 X_0，强度 $Y_i = Y_0 (i=1,2,\cdots)$ 的概率密度函数为 $f_0(y_0)$，则

$$R_i = P[E_i] = \int_{x_0}^{+\infty} f_0(y_0) \mathrm{d}y_0 \equiv R \quad (i=1,2,\cdots) \tag{5.29}$$

显然，R_i 的表达式和载荷次数 i 是无关的。因此，有

$$R(t) = \sum_{i=0}^{+\infty} \pi_i(t) R_i = \pi_0(t) R_0 + \sum_{i=1}^{+\infty} \pi_i(t) R_i = \frac{\mathrm{e}^{-at} (\alpha t)^0}{0!} \times 1 + R \sum_{i=1}^{+\infty} \pi_i(t) =$$

$$\mathrm{e}^{-at} + R[1 - \pi_0(t)] = \mathrm{e}^{-at} + R(1 - \mathrm{e}^{-at}) = R + (1-R)\mathrm{e}^{-at} \tag{5.30}$$

式中，R 由式(5.29)给出。

式(5.30)是在假定强度仅是随机变量但不随时间变化的前提下得到的，若 $Y_i = Y_0 - a_i$，$i=1,2,\cdots$，则不能得到式(5.30)那样的封闭形式的表达式，其可靠度将与载荷作用次数有关，有兴趣的读者可自行推导可靠度表达式。

3. 确定的应力和随机-无关的强度

设应力是已知的常数 X_0，令 $g(y)$ 为随机-无关的强度 Y 的概率密度函数，则

$$R_i = R^i \quad (i=1,2,\cdots)$$

式中，R 是某一次载荷作用后的可靠度，由下式计算：

$$R = \int_{x_0}^{+\infty} g(y) \mathrm{d}y \tag{5.31}$$

对于 $i=0$，当假定 $R_0 = 1$ 时，则 $R_0 = R^0$。因此有

$$R(t) = \sum_{i=0}^{+\infty} \pi_i(t) R_i = \sum_{i=0}^{+\infty} \frac{\mathrm{e}^{-at} (\alpha t)^i}{i!} R^i =$$

$$\frac{\mathrm{e}^{-at}}{\mathrm{e}^{-Rat}} \sum_{i=0}^{+\infty} \frac{\mathrm{e}^{-Rat} (R\alpha t)^i}{i!} = \mathrm{e}^{-at + Rat} \times 1 = \mathrm{e}^{-at(1-R)} \tag{5.32}$$

5.2.2 随机确定应力下可靠度的计算

1. 随机-确定的应力和确定的强度

在这种情况下，应力 X_0 是已知概率密度函数为 $f_0(x_0)$ 的随机变量，且不随时间变化；Y_0 是确定的已知强度，它是一个不随时间变化的常数。此种情况是 5.2.1 小节 2. 项的镜像，利用互易性可直接写出

$$R(t) = R + (1-R)\mathrm{e}^{-at} \tag{5.33}$$

式中，$R = \int_0^{y_0} f_0(x_0) \mathrm{d}x$ 是一次应力循环的可靠度。

2. 随机-确定的应力和随机-确定的强度

在这种情况下，假定 X_0 和 Y_0 的概率密度函数分别是 $f_0(x_0)$ 和 $g_0(y_0)$，再假定 X_0 和 Y_0 不随时间变化，亦即 $a_i = b_i = 0$，$i=1,2,\cdots$。因此

$$R_i = \int_0^{+\infty} g_0(y_0) \int_0^{y_0} f_0(x_0) \mathrm{d}x_0 \mathrm{d}y_0 \quad (i=1,2,\cdots) \tag{5.34}$$

从上式可以看出，R_i 与 i 无关，因此有

$$R(t) = \sum_{i=0}^{+\infty} \pi_i(t) R_i = \pi_0(t) R_0 + \sum_{i=1}^{+\infty} \pi_i(t) R_i \qquad (5.35)$$

3. 随机-确定的应力和随机-无关的强度

由 5.1 节可知,当载荷作用时间确定时,作用 i 次载荷后的可靠度为

$$R_i = \int_0^{+\infty} f(x) \left[\int_x^{+\infty} g(y) \mathrm{d}y \right]^i \mathrm{d}x \quad (i = 0, 1, 2, \cdots) \qquad (5.36)$$

式中,$f(x)$ 和 $g(y)$ 分别是随机-确定的应力 X 和随机-无关的强度 Y 的概率密度函数。

当载荷作用时间不确定时,则很容易写出可靠度的表达式,即

$$R(t) = \sum_{i=0}^{+\infty} \pi_i(t) R_i = \sum_{i=0}^{+\infty} \frac{\mathrm{e}^{-at}(at)^i}{i!} \int_0^{+\infty} f(x) \left[\int_x^{+\infty} g(y) \mathrm{d}y \right]^i \mathrm{d}x \qquad (5.37)$$

将上式积分与求和的顺序互换,得

$$R(t) = \mathrm{e}^{-at} \int_0^{+\infty} f(x) \left\{ \sum_{i=0}^{+\infty} \frac{\left[at \int_x^{+\infty} g(y) \mathrm{d}y \right]^i}{i!} \right\} \mathrm{d}x = \int_0^{+\infty} f(x) \mathrm{e}^{-at} \exp \left[at \int_x^{+\infty} g(y) \mathrm{d}y \right] \mathrm{d}x$$

定义 $G(x) = \int_0^x g(y) \mathrm{d}y$,将其代入上式,得

$$R(t) = \int_0^{+\infty} f(x) \mathrm{e}^{-at} \mathrm{e}^{at[1-G(x)]} \mathrm{d}x = \int_0^{+\infty} f(x) \mathrm{e}^{-atG(t)} \mathrm{d}x \qquad (5.38)$$

当 at 很小时,式(5.37) 中无穷级数的开始几项可以当作 $R(t)$ 很好的近似值。

5.2.3 随机无关应力下可靠度的计算

1. 随机-无关的应力和确定的强度

该情况假定强度不随时间变化,它是随机-无关的强度和确定应力的镜像情形,利用互换性直接写出

$$R(t) = \mathrm{e}^{-at(1-R)} \qquad (5.39)$$

式中,$R = \int_0^{y_0} f(x) \mathrm{d}x$ 是一次应力循环的可靠度。

2. 随机-无关的应力和随机-确定的强度

该情况是随机-确定的应力和随机-无关的强度情况的镜像,利用互易性直接写出

$$R(t) = \sum_{i=0}^{+\infty} \frac{\mathrm{e}^{-at}(at)^i}{i!} \int_0^{+\infty} g(y) \left[\int_0^y f(x) \mathrm{d}x \right]^i \mathrm{d}y = \int_0^{+\infty} g(y) \mathrm{e}^{-at} \sum_{i=0}^{+\infty} \frac{\left[at \int_0^y f(x) \mathrm{d}x \right]^i}{i!} \mathrm{d}y$$

$$(5.40)$$

令 $F(y) = \int_0^y f(x) \mathrm{d}x$,则

$$R(t) = \int_0^{+\infty} g(y) \mathrm{e}^{-at[1-F(y)]} \mathrm{d}y \qquad (5.41)$$

当 at 很小时,式(5.40) 中无穷级数的前几项可以足够地近似精确解。

3. 随机-无关的应力和随机-无关的强度

令 $f(x)$ 和 $g(y)$ 分别表示应力 X 和强度 Y 的概率密度函数,且假定每次作用应力时应力和强度分别是无关的,则

$$R_i = R^i \quad (i = 1, 2, \cdots)$$

$$R_0 \equiv R^0 = 1$$

式中，$R = \int_0^{+\infty} f(x) \int_x^{+\infty} g(y)\mathrm{d}y\mathrm{d}x$ 是作用一次应力的可靠度，因此有

$$R(t) = \sum_{i=0}^{+\infty} \pi_i(t)R_i = \sum_{i=0}^{+\infty} \frac{\mathrm{e}^{-at}(\alpha t)^i}{i!} R_i = \mathrm{e}^{-at}\mathrm{e}^{R\alpha t} \sum_{i=0}^{+\infty} \frac{\mathrm{e}^{-R\alpha t}(R\alpha t)^i}{i!} = \mathrm{e}^{-at+R\alpha t} \times 1 = \mathrm{e}^{-at(1-R)}$$

5.3   应力-强度-时间模型的应用

工程实践中，应力和强度随时间变化是很常见的。如导弹非金属材料老化时，抗老化强度随时间的推移而下降；压力容器在疲劳损伤过程中，强度的变化量与应力出现的次数有关，应力作用一次，构件强度就改变一次。所以利用应力-强度-时间模型研究它们的可靠性是十分有意义的。对于所受应力和强度是随机变量的产品而言，引起产品故障往往取决于随机变量数列中应力的极大值或强度的极小值，例如绝缘材料被电击穿、电子管被热应力烧毁、飞机导弹被过载破坏等，极值分布在可靠性分析中经常遇到。因此，本节将以极值分布为例，介绍应力-强度-时间模型的一些典型应用。

5.3.1   随时间变化的链式最弱环模型

最弱环模型是一个串联系统模型，它由 n 个相同的元件组成，每个元件承受相同的应力，则系统的失效由强度最小的元件决定。如果组成系统的 n 个元件是随机选择的，则各元件的强度为随机变量，其概率密度函数为 $g(y)$。若作用在环上的应力 x 也为随机变量，其概率密度函数为 $f(x)$，则有

$$R_n = P[E_1, E_2, \cdots, E_n]$$

式中，R_n 为 n 个环组成的链的可靠度；事件 E_i 表示 $Y_i > x$，于是有

$$R_n = P[(Y_1 > x) \bigcap (Y_2 > x) \bigcap \cdots \bigcap (Y_n > x)] = P[\min(Y_1, Y_2, \cdots, Y_n) > x]$$

令 $Y_{\min} = \min(Y_1, Y_2, \cdots, Y_n)$，$Y_{\min}$ 的分布为极小值分布，其分布函数为

$$G_n(Y) = 1 - [1 - G(Y)]^n$$

则 $R_n = P(Y_{\min} > x)$ 可由应力-强度干涉模型计算得出，即

$$R_n = \int_0^{+\infty} f(x) \left[\int_x^{+\infty} g_n(y)\mathrm{d}y \right] \mathrm{d}x$$

式中，$g_n(Y)$ 为 $Y_{\min}$ 的概率密度函数。

因为
$$\int_x^{+\infty} g_n(y)\mathrm{d}y = 1 - G_n(y) = [1 - G(y)]^n$$

所以

$$R_n = \int_0^{+\infty} f(x)[1 - G(y)]^n \mathrm{d}x \tag{5.42}$$

式(5.42)为链式最弱环强度不随时间变化时的可靠度，当链式最弱环的强度随时间递减时，此时随机变量 $Y_{\min}$ 也随时间递减，设 $Y_{\min}$ 的初始值为 $Y_{0\min}$，递减规律为 $Y_{\min} = Y_{0\min} - at$，其中 $a > 0$，则

$$R_n = P(Y_{\min} > x) = P(Y_{0\min} - at > x) = P(Y_{0\min} > x + at) \tag{5.43}$$

根据式(5.42)计算得到最弱环强度按上述规律变化时的可靠度，即

$$R_n = \int_0^{+\infty} f(x) \left[1 - G(x + at)\right]^n \mathrm{d}x \tag{5.44}$$

式中
$$G(x + at) = \int_0^{x+at} g(Y_0) \mathrm{d}Y_0$$

其中,Y_0 为随机强度的初始值。

例 5.1 某电路中共有 10 个相同的电子管承受热应力,热应力的密度函数为 $f(x) = \exp\{-x/30\}/30$,电子管抗热应力由密度函数 $g(y) = \exp\{-y/1\,500\}/1\,500$ 来描述。当任何一个电子管失效时电路发生故障。

(1) 电路的可靠度;

(2) 抗热应力能力随时间下降的函数为 $Y = Y_0 - at$ 时,$a = 0.01/\mathrm{h}$,求可靠寿命曲线。

解 (1) 电路可靠度由式(5.42)计算,得 $R_s = 0.834$。

(2) 将已知条件代入式(5.44),得

$$R(t) = \int_0^{+\infty} \frac{1}{30} \mathrm{e}^{-\frac{x+at}{30}} \left[\int_0^{x+at} \frac{1}{1\,500} \mathrm{e}^{-\frac{Y}{1\,500}} \mathrm{d}y \right]^{10} \mathrm{d}x$$

对上式积分,得 $t = 0, 120, 240, 360, 480, 600(\mathrm{h})$ 的可靠度分别为 $R(t) = 0.834\,3, 0.795\,2, 0.757\,9, 0.722\,4, 0.688\,6, 0.656\,3$,绘制成曲线如图 5-1 所示。

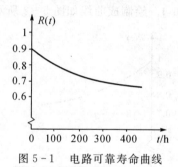

图 5-1　电路可靠寿命曲线

5.3.2　最大缺陷故障模型

与最弱环模型类似,某些系统或元件的强度取决于系统或元件内部存在的最大缺陷,缺陷最大之处或缺陷最大的元件首先导致故障。例如应力腐蚀、疲劳裂纹、非金属老化及金属腐蚀等导致的故障在很多情况下与之相符。

例如某压力容器,刚出厂时有很多砂眼,这些砂眼由于腐蚀而不断加深,当砂眼穿透器壁时容器报废。显然,如果砂眼腐蚀速率相同,则容器报废时间取决于最大的砂眼。若砂眼腐蚀速率 k 为已知常数(单位为 h/cm),并且砂眼的初始深度分布函数为已知时,则其故障前时间为极值分布。

设 D 为容器壁厚,x_i 为第 i 个砂眼的初始深度,$i = 1, 2, \cdots, n$。则 x_i 可用截尾指数分布表示,其概率密度函数为

$$f(x) = \frac{\lambda \mathrm{e}^{-\lambda x}}{1 - \mathrm{e}^{-\lambda D}}, \quad 0 \leqslant x \leqslant D \tag{5.45}$$

第 i 个砂眼腐蚀穿透时间 t_i,有 $t_i = k(D - x_i)$。

假若故障前时间为 t,则具有 n 个砂眼的元件可靠度为

$$R_n - P[(t_1 > t) \cap (t_2 > t) \cap \cdots \cap (t_n > t)] = P[\min(t_1, t_2, \cdots t_n) > t]$$

令 $t_{\min} = \min(t_1, t_2 \cdots, t_n)$，则

$$R_n = P(t_{\min} > t) = \int_t^{+\infty} g_n(t) \mathrm{d}t = [1 - G(t)]^n$$

其中

$$G(t) = P(t_i < t) = P(x_i > D - t/k) = \int_{D-t/k}^{D} \frac{\lambda e^{-\lambda x}}{1 - e^{-\lambda D}} \mathrm{d}x = \frac{e^{\lambda t/k} - 1}{e^{\lambda D} - 1}$$

因此

$$R_n(t) = \left(1 - \frac{e^{\lambda t/k} - 1}{e^{D\lambda} - 1}\right)^n \tag{5.46}$$

例 5.2 容器壁厚 $D = 0.423$ cm，$k = 4 \times 10^5$ h/cm，砂眼数 $n = 10^4$ 个，开始砂眼深度的均值为 0.02 cm，求容器可靠寿命曲线。

解 由式(5.46)得

$$R_n = \left(1 - \frac{e^{t/(4 \times 10^5 \times 0.02)} - 1}{e^{0.423/0.02} - 1}\right)^{10^4}$$

易知，$t = 10, 100, 200, 300, 500, 800$(h)，容器的可靠度分别为 $R_n(t) = 0.995\ 7, 0.957\ 6, 0.916\ 0, 0.876\ 9, 0.801\ 1, 0.696\ 4$。绘制成曲线如图 5-2 所示。

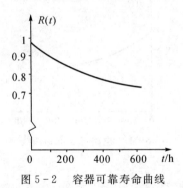

图 5-2　容器可靠寿命曲线

5.3.3　随机-无关的应力和确定的强度

应力随机无关是应力变量的每个统计值是互不相关的，一个值的出现不会给后继值带来任何信息，例如飞机、导弹飞行突风载荷、设备运输冲击振动载荷、飞机起落架着陆过载等，这些载荷往往在其表现为极大值时造成产品故障。设应力随机变量为 x，每次受载时，应力相应的值为 $x_1, x_2, \cdots, x_n$，x 的密度函数为 $f(x)$，则应力出现 n 次时的可靠度 R_n 为

$$R_n = P[(x_1 < y_0) \cap (x_2 < y_0) \cap \cdots \cap (x_n < y_0)] = P[(\max(x_1, x_2, \cdots, x_n) < y_0]$$

式中，y_0 为强度值。

令 $X_{\max}$ 为 X 的极大值，则 $X_{\max} = \max(x_1, x_2, \cdots, x_n)$。则由极大值分布可得

$$R_n = P[X_{\max} < y_0] = [F(y_0)]^n = \left[\int_0^{y_0} f(x) \mathrm{d}x\right]^n = R^n$$

式中

$$R = \int_0^{y_0} f(x) \mathrm{d}x$$

如果在给定时间内应力出现次数服从 Poisson 分布,则

$$R(t) = \sum_{i=0}^{+\infty} \frac{e^{-at}(at)^i}{i!} R^i = \frac{e^{-at}}{e^{-Rat}} \sum_{i=0}^{+\infty} \frac{e^{-Rat}(Rat)^i}{i!}$$

由于

$$\sum_{i=0}^{+\infty} \frac{e^{-Rat}(Rat)^i}{i!} = 1$$

所以

$$R(t) = e^{-at(1-R)} \tag{5.47}$$

例 5.3 某弹道导弹的弹体强度为 $Y_0 = 2\,000 \text{ kg/cm}^2$,在发射飞行中受突风过载应力 X。X 的密度函数为 $f(x) = \exp\{-x/1\,000\}/1\,000$,突风出现次数为强度参数 $\alpha = 0.1$ 次/min 的 Poisson 分布。试分析该导弹在大气飞行中的弹体强度可靠性。

解 将已知条件代入式(5.45),得

$$R(t) = \exp\left[-0.1 \times t \cdot \left(1 - \int_0^{2\,000} \frac{1}{1\,000} e^{-\frac{x}{1\,000}} dx\right)\right] = e^{-0.1t \times e^{-2}}$$

易知 $t = 0, 60, 120, 180, 240, 300$(s) 时,弹体结构强度可靠度分别为 $R(t) = 1, 0.986\,6$, $0.973\,4, 0.960\,3, 0.947\,4, 0.934\,7$。绘制成曲线如图 5-3 所示。

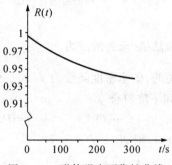

图 5-3 弹体强度可靠性曲线

5.3.4 随机-无关的强度和确定的应力

这种情况是 5.3.3 小节 3.项的镜像,设强度为 y,相应值为 $y_i (i = 1, 2, \cdots, n)$,$y$ 的密度函数为 $g(y)$,则可靠度 R_n 为

$$R_n = P[\min(y_1, y_2, \cdots, y_n) > x_0]$$

令

$$y_{\min} = \min(y_1, y_2, \cdots, y_n)$$

由极小值分布可得

$$R_n = [1 - G(x_0)]^n = \left[\int_{x_0}^{+\infty} g(y) dy\right]^n$$

同样地,假如强度出现与时间有关,在给定的时间区间计划内强度出现的次数为 Poisson 分布,α 为其强度参数,参照 5.3.3 小节 3.项的推导则得到随时间变化的可靠度为

$$R(t) = e^{-\alpha(1-R)t} \tag{5.48}$$

式中

$$R = \int_{x_0}^{+\infty} f(y) dy$$

例 5.4　导弹飞行中承受应力 $X_0 = 2\,000\ \text{kg/cm}^2$，导弹贮箱的抗失稳强度由于贮箱内压力的波动而是随机的，并且是无关的，其密度函数为 $f(y) = \exp\{-y/1\,000\}/1\,000$，强度值随机出现服从平均次数 $\alpha = 0.1$ 次/min 的 Poisson 分布，求贮箱的可靠度随时间变化的曲线。

解　将已知条件代入式(5.48)，得

$$R(t) = e^{-0.1t}\left[1 - \int_{2\,000}^{+\infty} f(y)\,dy\right] = e^{-0.1t(1-e^{-2})}$$

易知 $t = 0, 60, 120, 180, 240, 300(s)$ 时，贮箱可靠度 $R(t) = 1, 0.991\,3, 0.982\,8, 0.974\,4,$ $0.966\,0, 0.957\,7$。绘制成曲线如图 5-4 所示。

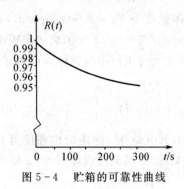

图 5-4　贮箱的可靠性曲线

5.3.5　随机-确定的强度和随机-无关的应力

设应力 X 的出现是互不相关的，概率密度函数为 $f(x)$。强度的初始值 y_0 是随机的，概率密度函数为 $g(y_0)$，强度 y 随时间下降符合 $y = y_0 - at\ (a > 0)$ 规律，因此有

$$R_n = P[(x_1 < y) \cap (x_2 < y) \cap \cdots \cap (x_n < y)] = P[\max(x_1, x_2, \cdots x_n) < y]$$

令 $X_{\max} = \max(x_1, x_2, \cdots, x_n)$，则 $X_{\max}$ 的分布为

$$F_n(X) = [F(X)]^n$$

同样，由应力-强度干涉模型得

$$R_n = \int_0^{+\infty} g(y)\,[F(y)]^n\,dy$$

当 $y = y_0 - at$ 时，则

$$R_n = \int_0^{+\infty} g(y_0 - at)\,[F(y_0 - at)]^n\,dy_0$$

若假定应力随时间出现的次数为 Poisson 分布，则可靠度为

$$R(t) = \sum_{i=0}^{+\infty} \frac{e^{-at}\,(\alpha t)^i}{i!} \int_0^{+\infty} g(y_0 - at)\left[\int_0^{y_0 - at} f(x)\,dx\right]^i dy_0 =$$

$$\int_0^{+\infty} g(y_0 - at)e^{-at} \sum_{i=0}^{+\infty} \frac{\left[\alpha t \int_0^{y_0 - at} f(x)\,dx\right]^i}{i!}\,dy_0 =$$

$$\int_0^{+\infty} g(y_0 - at)e^{-at}\,e^{atF(y_0 - at)}\,dy \tag{5.49}$$

式中

$$F(y_0 - at) = \int_0^{y_0 - at} f(x)\,dx$$

例 5.5 某导弹贮箱的抗失稳强度符合均值 $\mu_y = 100 \text{ kg/mm}^2$，均方差 $\sigma_y = 4 \text{ kg/mm}^2$ 的正态分布，导弹长途运输中振动过载应力符合指数分布，其概率密度函数 $f(x) = \exp\{-x/30\}/30$，若在运输中振动过载应力的出现次数服从平均 0.01 次 /h 的 Poisson 分布，试求运输可靠度随时间变化。

解 将已经条件代入式 (5.49)，得

$$R(t) = \int_0^{+\infty} \frac{1}{\sigma_y \sqrt{2\pi}} e^{-\frac{(y-\mu_y)^2}{2\sigma_y^2}} \cdot e^{-0.01t\left(1-e^{-\frac{y}{30}}\right)} \mathrm{d}y = \int_0^{+\infty} \frac{1}{4\sqrt{2\pi}} e^{-\frac{(y-100)^2}{2\times4^2}} \cdot e^{-0.01t\left(1-e^{-\frac{y}{30}}\right)} \mathrm{d}y$$

积分上式得 $t = 0,300,600,900,1\,200\,(\text{h})$ 的可靠度分别为 $R(t) = 1, 0.898\,0, 0.806\,3,$ $0.724\,2, 0.605\,0$。绘制成曲线如图 5-5 所示。

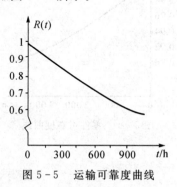

图 5-5　运输可靠度曲线

5.3.6　随机-确定的应力和随机-无关的强度

该情况下应力初始值为 X_0，其概率密度函数为 $f(x_0)$，假定后继应力值 $X = X_0 \Phi(t)$。再假定强度 y 是随机无关变量，且具有相同的概率密度函数 $g(y)$，因此有

$$R_n = P\left[(y_1 > x) \bigcap (y_2 > x) \bigcap \cdots \bigcap (y_n > x)\right] = P\left[\min(y_1, y_2, \cdots, y_n) > x\right]$$

令

$$y_{\min} = \min(y_1, y_2, \cdots, y_n)$$

根据应力强度干涉理论，得

$$R_n = \int_0^{+\infty} f(x) \left[\int_x^{+\infty} g_n(y)\mathrm{d}y\right]^n \mathrm{d}x = \int_0^{+\infty} f(x) \left[1 - G(x)\right]^n \mathrm{d}x$$

当 $x = x_0 \Phi(t) = x_0 + at \, (a > 0)$ 时，则上式变为

$$R_n = \int_0^{+\infty} f(x_0 + at) \left[\int_{x_0+at}^{+\infty} g(y)\mathrm{d}y\right]^n \mathrm{d}x_0 = \int_0^{+\infty} f(x_0 + at) \left[1 - G(x_0 + at)\right]^n \mathrm{d}x_0$$

为计算和推导简化，设 $a = 0$，即应力不随时间下降，并假定作用应力的出现次数在时间区间 $[0, t]$ 内服从 Poisson 分布，则得

$$R(t) = \int_0^{+\infty} f(x) e^{-at} e^{at\left[1-G(x)\right]} \mathrm{d}x = \int_0^{+\infty} f(x) e^{-atG(x)} \mathrm{d}x \tag{5.50}$$

式中

$$G(x) = \int_0^x g(y)\mathrm{d}y$$

例 5.6 已知某机械零件所承受应力 X 为正态分布的随机变量，均值 $\mu_x = 70 \text{ kg/mm}^2$，均方差 $\sigma_x = 3 \text{ kg/mm}^2$。零件材料强度也为正态分布随机变量，均值 $\mu_y = 95 \text{ kg/mm}^2$，均方差 $\sigma_y = 4 \text{ kg/mm}^2$，应力作用次数服从 Poisson 分布，平均每小时出现 0.01 次，试求可靠度随时间

的变化。

解　将已知条件代入式(5.50),得

$$R(t) = \int_0^{+\infty} \frac{1}{3\sqrt{2\pi}} e^{-\frac{(x-70)^2}{2\times3^2}} e^{-0.01t} \left[1-\Phi\left(\frac{x-95}{4}\right)\right] dx$$

对上式积分得 $t = 0, 1\,000, 2\,000, 3\,000, 4\,000(\text{h})$ 的可靠度分别为 $R(t) = 1, 0.977\,6,$ $0.953\,6, 0.930\,7, 0.908\,6$。绘制成曲线如图 $5-6$ 所示。

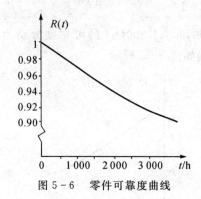

图 $5-6$　零件可靠度曲线

第6章　导弹金属构件断裂失效分析与可靠度计算

导弹金属构件对于导弹系统的安全使用至关重要,因此在设计、选材、制造、检验等各个环节都有严格的要求。即使如此,实际结构中仍然可能存在初始缺陷,如制造过程中的裂纹、空洞、夹杂,使用期间由于疲劳载荷或腐蚀作用诱发的裂纹等,这些缺陷在特定的情况下,可能会失稳扩展而导致结构关键部位或结构本身的破坏,从而导致导弹系统的破坏。断裂力学的任务就是研究和确定这类情况的一门学科,可以提供一种科学定量的精确解答或评定准则。传统断裂力学的做法是对裂纹的最大尺寸、载荷性质和频率、材料特性及裂纹扩展速率等参数做出偏于安全的假设。而实际上,这些参数往往不是确定值,而是服从某一统计分布,所以需要发展基于可靠性理论的断裂力学研究方法。

本章首先介绍了断裂力学的相关知识,然后分别介绍了静强度断裂和疲劳断裂问题的可靠性计算方法,最后以导弹推进剂贮箱为例,给出了评判导弹金属构件剩余寿命的方法。

6.1　金属构件断裂力学基础

断裂力学和其他科学一样,是在生产实践中产生和发展的,是从 20 世纪 70 年代才发展起来的一门新兴学科。它应用力学成就,研究含缺陷材料和结构的破坏问题。由于它与材料或结构的安全直接有关,因此尽管它出现的时间很短,但实验和理论均有了迅速的发展,并已开始为生产服务。

6.1.1　断裂力学的发展历程与研究对象

早在 20 世纪初期,人们在使用各种材料尤其是金属材料的长期实践中,就已经观察到大量的断裂现象,并注意到结构的脆性断裂问题。1920 年,英国的 Griffith 尝试解释玻璃的实际强度远低于理论强度的原因。他以材料内部存在缺陷的观点为基础,提出在一定条件下,微小缺陷或裂纹将失稳扩展,导致材料或结构的破坏。他的理论仅适用于像玻璃这类的完全脆性材料,而这种材料在工程中极为少见,所以没有得到推广和发展。

随着现代生产的发展,新材料、新产品和新工艺不断出现,在产品安装、试验和运行过程中,往往发生脆断事故,多数事故在低于材料的屈服极限时发生,造成的损失特别严重。这些破坏事故用传统的强度观点和方法无法分析和衡量。

通过对大量破坏事故的研究,人们发现低应力脆性破坏的主要原因是实际结构中存在着各种缺陷或裂纹,这些裂纹的存在显著地降低了结构材料的实际强度。

从下面几个例子中可看出裂纹对结构破坏的影响:

(1)1943—1947 年,美国近 500 艘全焊船中发生了 1 000 多起脆性破坏,其中 238 艘完全报废,有的甚至断成两截。为了分析原因,从 100 多个损坏处割下试件进行试验。结论是:事故总是在有焊接缺陷等的应力集中处产生;当气温降到 −3℃ 和水温降到 4℃ 时断裂最容易发生;破坏处的冲击韧性值远低于未破坏处的值。

(2)1947 年,苏联 4 500 m³ 的大型石油储罐底部和下部的壳连接处,当气温降到 − 43℃ 时,形成大量裂纹,造成储罐的破坏。事后的分析认为:在焊接处,存在由焊缝、焊瘤和未焊透引起的各种应力集中;当温度降低时,储罐材料 CT3 钢的塑性明显下降;由于焊接和储罐的内外温差,造成较高的内应力。

(3)20 世纪 50 年代初,美国北极星导弹固体燃料发动机壳体在试验时发生爆炸。材料用屈服强度为 1 372 MN/m² 的高强度合金,传统的强度和韧性指标全部合格,而且爆炸时的工作应力远低于材料的许用应力。事后多方面研究认为:破坏是由宏观裂纹(深为 0.1 ~ 1 mm)引起的,裂纹源可能是焊裂、咬边、杂质和晶界开裂等。

(4)1969 年美国 F−111 飞机在执行飞行训练途中,做投弹恢复动作时,左翼脱落导致飞机坠毁。当时的飞行速度、总重量和过载等指标远低于设计指标,主要原因是制造时热处理不当,机翼枢轴出现缺陷,漏检后经疲劳载荷作用,裂纹继续扩展,最后造成低应力破坏。

从上述几个典型事故可看出,脆断总是由宏观裂纹引起的。这种裂纹由冶金夹杂物、加工和装配、疲劳载荷、工作环境(如介质、高温等)等引起。对于大多数结构和零件来说,宏观裂纹的存在是不可避免的。带裂纹材料的强度,取决于材料对裂纹扩展的抗力,这种抗力由材料内部属性决定。应用弹、塑性理论和新的实验技术,研究裂纹尖端附近的应力、应变场和裂纹的扩展规律,就产生了新的力学分支 —— 断裂力学。

一般来讲,构件的断裂往往可以分成以下几个阶段:

(1) 裂纹的生成 ——① 由于环境(疲劳、腐蚀介质、高温和联合作用等)的影响,在构件的圆角应力集中处,使用一段时间产生宏观微小裂纹;② 材料中原来就存在缺陷;③ 在加工过程中出现裂纹。

(2) 裂纹的亚临界扩展 —— 由于环境的影响,在工作过程中,宏观微小裂纹逐步缓慢地扩展。

(3) 断裂开始 —— 在工作应力下,裂纹逐渐扩展,达到临界长度,构件突然失稳破坏。

(4) 断裂传播 —— 失稳的裂纹以高速传播,速度可达材料中声速的 1/4。

(5) 断裂停止 —— 裂纹失稳后可以穿过整个结构,使构件破坏;或在一定条件下,裂纹停止。

以上是宏观裂纹发生和发展的几个阶段。断裂一词的含义很广,应包括宏观的断裂现象和微观结构的破坏机理。断裂力学从力学侧面研究宏观的断裂现象,包括宏观裂纹的生成、扩展、失稳开裂、传播和止裂。微观结构的破坏机理属于断裂物理的研究范围。但是,近代的趋向是宏观断裂现象应该和微观断裂过程联系起来,否则机理不清,许多现象难以解释。因此,目前它们之间的分界线已不那么明显。

断裂力学的理论基础是弹性力学、塑性力学和黏弹性力学等。从工程应用角度看,断裂力学与材料力学类似,是材料力学的发展与充实。断裂力学即在大量试验的基础上研究带裂纹材料的断裂韧度(属于广义的材料强度范围),带裂纹构件在各种工作条件下裂纹的扩展、失稳和止裂的规律,并应用这些规律进行设计,以保证产品的构件安全可靠。

6.1.2　断裂力学和材料力学的区别

断裂力学和材料力学的区别在于材料力学研究完整的材料,而断裂力学研究带裂纹的材料。虽然断裂力学是材料力学的发展和补充,但是断裂力学的设计思想与材料力学的设计思想不同,其差别可从以下几方面来看。

1. 静载荷情况

在静载荷作用下,传统的强度条件是要使最大计算应力小于材料强度指标,即

$$\sigma_{\max} \leqslant \frac{\sigma_s}{n_s} \quad (屈服)$$

$$\sigma_{\max} \leqslant \frac{\sigma_b}{n_b} \quad (破坏)$$

式中,σ_s 和 σ_b 分别为材料的屈服极限和强度极限;n_s 和 n_b 为相应的安全系数。

经大量带表面裂纹的高强度钢试件的拉伸试验,证明其断裂应力与裂纹深度 a 的平方根成反比,即

$$Y\sigma_C \sqrt{\pi a} = K_{IC} \tag{6.1}$$

式中　σ_C—— 试件所受的断裂应力;

　　a—— 裂纹深度;

　　Y—— 形状系数,与试件几何形状、载荷条件和裂纹位置有关;

　K_{IC}—— 材料的断裂韧性,是表示材料抵抗裂纹失稳扩展能力的一个物理参量。

已知裂纹深度 a,则式(6.1)可写为

$$\sigma_C = \frac{K_{IC}}{Y\sqrt{\pi a}} \tag{6.2}$$

或已知工作应力,则有

$$a_C = \frac{K_{IC}^2}{Y^2 \pi \sigma_C^2} \tag{6.3}$$

式(6.2)中的 σ_C 称为剩余强度,式(6.3)中的 a_C 称为临界裂纹尺寸。

断裂应力和裂纹深度的关系如图6-1所示。由图可看出,随着裂纹深度的增加,断裂应力值降低得很快。

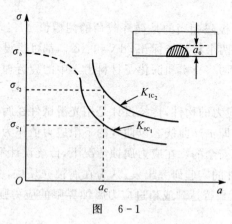

图　6-1

令式(6.1)中 $\sigma_C \sqrt{\pi a} = K_I$,则断裂力学中的失稳准则为

$$K_I \leqslant \frac{K_{IC}}{n} \tag{6.4}$$

式中，K_1 称为裂纹尖端的应力强度因子；n 是相应的安全系数。

因为断裂力学考虑了裂纹的存在，根据裂纹失稳准则得出的断裂应力与传统的强度条件得出的结果不一定相同。例如，有两种材料：第一种材料的 σ_s 和 σ_b 较高，但是断裂韧度 K_{IC} 比较低；第二种材料的 σ_s 和 σ_b 较低，但是断裂韧度 K_{IC} 较高。则在相同的裂纹深度情况下，后一种材料的断裂应力较高，选用这种材料有利。因此，盲目地追求高强度材料，并不能保证构件安全可靠。

2.循环载荷情况

传统的疲劳设计是用光滑试件作 $S-N$ 曲线，求出的下限应力 σ_{-1} 称为疲劳极限，如果最大工作应力满足

$$\sigma_{max} \leqslant \sigma_{-1}/n_{-1}$$

即可。式中，n_{-1} 为循环载荷时的安全系数，并且认为凡有缺陷的构件，一件也不能应用。

断裂力学的观点是：带裂纹的构件，只要裂纹不到临界长度（或深度），仍可使用；在循环载荷作用下，裂纹缓慢扩展，直至达到临界长度时，构件才失稳破坏，作用载荷每循环一周，裂纹的扩展量 da/dN 是材料的一个指标，表明材料抵抗裂纹扩展的能力。

断裂力学区分两种寿命，认为材料的破断寿命为

$$N_f = N_i + N_p$$

式中，N_i 为裂纹发生寿命；N_p 为剩余寿命。如果初始裂纹深度 a_i、临界裂纹深度 a_C 以及裂纹扩展速率 da/dN 已知，则剩余寿命由

$$N_p = \int_{a_i}^{a_C} \frac{da}{\left(\dfrac{da}{dN}\right)}$$

求出。大量试验证明

$$\frac{da}{dN} = C(\Delta K)^m$$

式中，C 与 m 是材料常数；$\Delta K = K_{max} - K_{min}$ 是循环载荷的最大与最小应力强度因子的差，或称应力强度因子幅度。

在断裂力学中，与疲劳极限相当的是循环载荷的门槛值 ΔK_{th}，当应力强度因子幅度小于门槛值时，裂纹不扩展。这两个材料指标 da/dN 和 ΔK_{th}，都可供设计使用。由此可见，断裂力学对在循环载荷作用下的研究，充实和深化了材料力学中的疲劳理论。

3.腐蚀介质下的情况

对于腐蚀介质中受拉应力的构件，传统设计是用光滑试件在腐蚀介质中做试验，记录作用的应力和破断时间的曲线，即 $\sigma-t$ 曲线。以曲线的下限应力值作为设计标准，只要工作应力小于这一临界应力，构件就是安全的。在应力腐蚀情况下，传统设计不允许构件存在裂纹。

断裂力学从带裂纹构件的实验研究出发，认为在腐蚀介质中，受拉应力构件是否安全，要看裂纹的应力强度因子 K_1 是否达到或超过应力腐蚀界限的应力强度因子 K_{ISCC}，即裂纹稳定条件：

$$K_1 \leqslant K_{ISCC}$$

其中，K_{ISCC} 是材料在应力腐蚀条件下，衡量材料抵抗裂纹失稳断裂能力的指标。

材料的另一指标是应力腐蚀裂纹扩展速率 da/dt，表示材料抵抗应力腐蚀裂纹扩展的能力。与疲劳设计中剩余寿命的求法相同，在应力腐蚀情况下，构件的剩余寿命为

$$t_\tau = \int_{a_i}^{a_C} \frac{\mathrm{d}a}{\left(\dfrac{\mathrm{d}a}{\mathrm{d}t}\right)}$$

综上所述,断裂力学出现以后,我们对宏观的断裂规律有了进一步的认识,对传统的设计思想进行了改善与补充。不仅可以对有缺陷构件进行剩余强度和寿命的分析,以保证产品安全可靠,或制定正确合理的验伤标准;而且在选材、改善工艺、制造等方面的研究,也逐渐地在发挥其作用。

断裂力学的研究内容包括以下几点。

断裂力学的理论基础开始于线弹性力学,据此发展成为研究脆性断裂的线弹性断裂力学。目前线弹性断裂力学已经发展得比较成熟,在生产中已经得到普遍应用。

由于裂纹尖端附近的应力集中,必然产生塑性区,当塑性区达到一定尺寸时,它对材料的影响不能忽略,线弹性理论已不适用。于是,对于裂纹尖端附近塑性区的研究,发展成为了弹塑性断裂力学。目前,在这方面的研究还不很成熟,是断裂力学研究中的一个重要课题。

裂纹失稳后,断裂开始,裂纹迅速扩展,此时必须考虑材料的惯性,这属于断裂动力学的范畴,对于研究止裂问题极为重要。这方面的研究工作已经开始,但由于它的复杂性,还没有得到重要的、能够在工程中广泛应用的成果。

对材料断裂的研究必须深入微观领域,否则断裂的机理会弄不清楚,对宏观断裂的现象不能深入了解,甚至一些宏观现象也无法解释。这方面的研究工作已经开始,而且将发展成为微观断裂力学,这是跨学科的内容。

6.2　金属构件静应力断裂问题的可靠度计算与应用

结构的断裂是一个复杂的问题,近 30 年来,用断裂力学观点对结构进行断裂研究取得了很大进展。可以说断裂力学理论是研究带裂纹构件的最好工具。然而,断裂力学的发展遇到很多问题,主要是试验数据难以测准,差别很大,往往同一牌号的材料相差一倍多,导致设计精度降低,甚至失误。究其原因,是影响断裂的各参数都具有随机性。如果把这些参数都按随机性参数对待,也就是引入概率统计方法,才能更符合工程实际,才能更客观地揭示构件断裂问题。这种解决问题的方法,国外称为概率断裂力学 PFM(Probability Fracture Mechanics)。

6.2.1　金属构件静应力断裂问题的可靠度计算

金属构件静断裂问题的可靠性计算,也就是应力-强度故障模型计算。当应力大于断裂强度时,结构即发生故障。因此,这里把静断裂也归类为应力-强度故障模型。

设作用应力为 x,带断裂的构件抗断裂强度为 y,裂纹尺寸(半长)为 a,材料断裂的韧性值为 K_{IC},假定所研究的结构适合常用的断裂判据 $K_I = K_{IC}$,则断裂力学公式为

$$y = \frac{K_{IC}}{f\sqrt{\pi a}} \tag{6.5}$$

式中,f 为应力强度因子修正系数,它与构件的结构形式和受力状态有关。

概率断裂力学与常规断裂力学的不同之处是把式(6.5)中 K_{IC}, a, f 视作随机变量,因而 Y 是随机变量 K_{IC}, A, F 的函数,因而应把式(6.5)写成随机变量的表达式:

$$Y = \frac{K_{IC}}{F\sqrt{\pi A}} \tag{6.6}$$

这里的大写字母表示相应的随机变量,式(6.6)中 K_{IC} 的分布一般为正态或对数正态分布,其散布大小因材料而异,可由新出版的材料手册中查出其离差值。目前,由于试验手段和试验设备的原因,其分散度比起材料的强度极限 σ_b 和屈服极限 σ_s 的分散度要大得多。裂纹尺寸 A,根据国内外多年来的探伤经验和实测数据分析,知其分布函数为对数正态分布函数,其离散度取决于探伤的仪器的精度。目前常用的超声波探伤仪,由于实际缺陷的性质不同,其反射及透过超声波的能力不同,测出的缺陷尺寸离差很大。人们积累了多年的超声波探伤经验的实测数据后,可取 A 的标准差为 0.75。这个数字因为是对数标准差,故数据分散程度是相当大的。由于 K_{IC},A 的散布很大,致使 Y 的差异也很大。至于 F 的分散度,大多数情况下取决于构件际缺陷的几何等级参数,也具有相当数量的离差值。为了简化研究步骤,我们以中心贯穿裂纹为例,并假定 F 为常值(即 $F=1$),因此有

$$Y = \frac{K_{IC}}{\sqrt{\pi A}} \tag{6.7}$$

两边取对数得

$$\ln Y = \ln K_{IC} - \frac{1}{2}\ln A - \frac{1}{2}\ln\pi \tag{6.8}$$

当 $\ln K_{IC}$,$\ln A$ 符合正态分布时,由于式(6.8)则 $\ln Y$ 也符合正态分布,即

$$\ln K_{IC} \sim N[E(\ln K_{IC}), \quad \sqrt{V(\ln K_{IC})}] \sim N(\mu_k, \sigma_k)$$

$$\ln A \sim N[E(\ln A), \quad \sqrt{V(\ln A)}] \sim N(\mu_a, \sigma_a)$$

$$\ln Y \sim N[E(\ln Y), \quad \sqrt{V(\ln Y)}] \sim N(\mu_y, \sigma_y)$$

设 $\ln K_{IC}$,C 为独立随机变量,则

$$\begin{cases} \mu_Y = E(\ln Y) = E\left(\ln K_{IC} - \frac{1}{2}\ln\pi - \frac{1}{2}\ln A\right) = E(\ln K_{IC}) - \frac{1}{2}E(\ln A) - \frac{1}{2}\ln\pi \\ \sigma_Y = \sqrt{\sigma_k^2 + \frac{1}{4}\sigma_a^2} \end{cases}$$

设作用于构件上的应力 X 也为随机变量,并且也符合对数正态分布,即

$$\ln X = N[E(\ln X), \sqrt{V(\ln X)}] = N(\mu_X, \sigma_X)$$

根据应力-强度故障模型,当强度 y 大于应力 x 时,即

$$R = P(Y > X) = P(\ln Y > \ln X) = P\left(\ln\frac{Y}{X} > 0\right) = P(Z > 0)$$

式中

$$Z = \ln\frac{Y}{X} = \ln Y - \ln X$$

$$\ln Z \sim N(\mu_Z, \sigma_Z) \tag{6.9}$$

$$\mu_Z = E(\ln Y - \ln X) = E(\ln Y) - E(\ln X) = \mu_Y - \mu_X$$

$$\sigma_Z = \sqrt{\sigma_Y^2 + \sigma_X^2}$$

$$R = P(Z > 0) = \int_0^{+\infty} \frac{1}{\sqrt{2\pi} \cdot \sigma_Z} \exp\left[-\frac{(t - \mu_Z)^2}{2\sigma_Z^2}\right] \mathrm{d}t \tag{6.10}$$

引入标准变量

$$\xi = \frac{\ln\dfrac{Y}{X} - \ln\dfrac{\breve{Y}}{\breve{X}}}{\sqrt{\sigma_Y^2 + \sigma_X^2}} = \frac{\ln Z - (\ln\breve{Y} - \ln\breve{X})}{\sqrt{\sigma_Y^2 + \sigma_X^2}} = \frac{Z - \mu_Z}{\sigma_Z}$$

式中　$\breve{Y}$——Y 的中位数；

　　　$\breve{X}$——X 的中位数。

则

$$R = P(\xi) = \frac{1}{\sqrt{2\pi}} \int_{-\beta}^{+\infty} \exp\left(-\frac{t^2}{2}\right) \mathrm{d}t = P(\beta) \tag{6.11}$$

式中

$$\beta = \frac{\ln\breve{Y} - \ln\breve{X}}{\sqrt{\sigma_Y^2 + \sigma_X^2}}$$

由于 $\mu_Y = \ln\breve{Y}, \mu_X = \ln\breve{X}$，所以有

$$\beta = \frac{\mu_Y - \mu_X}{\sqrt{\sigma_Y^2 + \sigma_X^2}} = \frac{\mu_Y - \mu_X}{\sigma_Z} \tag{6.12}$$

对于对数分布，有

$$\mu_Y = \ln E(Y) - \frac{1}{2}\sigma_Y^2 = \ln\breve{Y} \tag{6.13}$$

式中，$E(Y)$ 为 Y 的均值。

$$\mu_X = \ln E(X) - \frac{1}{2}\sigma_X^2 = \ln\breve{X}$$

即

$$\ln E(Y) - \ln(\breve{Y}) = \frac{1}{2}\sigma_X^2$$

$$\ln E(X) - \ln\breve{X} = \frac{1}{2}\sigma_X^2$$

β 称为可靠性指数（reliability index），它与可靠度 R 对应，数值可查表得到。例如，n 个特殊值的对应关系见表 6-1。

表 6-1　可靠性指数与可靠度对应关系

β	1.28	2.33	3.09	4.25	4.75
R	0.9	0.99	0.999	0.999 9	0.999 99

当应力 X 和材料韧性 K_{IC} 为其他分布时，同样可类似地按上述步骤进行计算，求取构件的可靠度。这样静断裂问题的可靠度就得到了解决。

6.2.2　断裂可靠性在强度设计中的应用

假定我们研究的零部件的断裂是适合判据 β 来描述的，如果在这个判据引入可靠度的概念，设 $K_{IC} = F\sigma\sqrt{\pi a} = C$，则可靠度可写为

$$f(K_{IC}, F, \sigma, a) = 0 \tag{6.14}$$

将上式按不同的参量解出来，则有

$$K_{IC} = \varphi_1(F, \sigma, a) \tag{6.15}$$

$$\sigma = \varphi_2(K_{IC}, F, a) \tag{6.16}$$

$$a = \varphi_3(K_{IC}, F, \sigma) \tag{6.17}$$

上述三个方面就代表了断裂力学工程应用的强度校核,设计和选材,以及确定安全系数三个方面。式(6.15)表示在一个结构或零部件中,如已知工作应力和裂纹尺寸 A(关于形状系数 F 我们均假定是已知的),则可确定为了安全工作所需要的材料断裂韧性值。这就是断裂力学设计对材料提出的要求,也可以说式(6.15)是断裂力学观点进行选材或制定热处理规范的依据。

式(6.16)表示在已知零件内的缺陷(有时在设计阶段中假定的在危险部位有一个一定尺寸的缺陷)和材料的断裂韧性值 K_{IC} 的情况下,要计算零部件能承受的最大工作压力,即强度校核。它是结构或零部件进行断裂力学设计的依据。

式(6.17)则是在零部件工作应力一定及材料断裂韧性值 K_{IC} 已知的情况下,来确定零部件能承受的最大裂纹尺寸,因此在给定寿命要求后,可以估计它在验收时允许的初始裂纹尺寸,也即制定验收标准(或产品的质量标准),所以它是讨论裂纹容限的依据。

除了上述三个方面外,再加上一个 $\dfrac{dA}{dN} = C \cdot \Delta K^n$ 裂纹扩展速率公式,对其积分可得到零部件寿命的估算式。该估算式是从断裂力学角度对裂纹的零件部件做寿命计算的依据,由此得到的信息可用来安排检修期或调换零部件。

上述四个方面就是全部断裂力学的工程应用,在这中间如何引入可靠性,也就是如何引入概率统计分析呢? 这里就断裂力学设计作一说明。

以式(6.16)为例,考虑无限板中心贯穿裂纹受拉伸的简单情形,则

$$\sigma_C = K_{IC} / \sqrt{\pi A} \tag{6.18}$$

两边取对数,得

$$\lg \sigma_C = \lg K_{IC} - \frac{1}{2} \lg \pi - \frac{1}{2} \lg A \tag{6.19}$$

现假定材料的断裂韧性 $\lg K_{IC}$、裂纹尺寸 $\lg A$ 均符合正态分布,即

$$\lg K_{IC} = N(\mu_{K_{IC}}, \sigma_{K_{IC}})$$

$$\lg a = N(\mu_a, \sigma_a)$$

则根据式(6.19)可知,$\lg \sigma_C$ 也符合正态分布,即

$$\lg \sigma_C = N(\mu_\sigma, \sigma_\sigma)$$

设 $\lg K_{IC}$,$\lg A$ 均为独立随机变量,按式(6.19)的关系,有

$$\left\{ \begin{array}{l} \mu_\sigma = \mu_{K_{IC}} - \dfrac{1}{2} \lg \pi - \dfrac{1}{2} \mu_a \\[2mm] \sigma_\sigma = \sqrt{\sigma_{K_{IC}}^2 + \dfrac{1}{4} \sigma_a^2} \end{array} \right. \tag{6.20}$$

设

$$\left. \begin{array}{l} \lg K_{IC} = N(2.477\,1, 0.5) \\ \lg a = N(0.477\,1, 0.4) \end{array} \right\}$$

代入式(6.20)得

$$\mu_\sigma = 2.477\left(1 - \frac{1}{2} \times 0.477\left(1 - \frac{1}{2}\lg\pi\right)\right) = 1.989\,9$$

$$\sigma_\sigma = \sqrt{0.5^2 + 0.4^2} = 0.538\,5$$

于是可得

$$\lg\sigma = \mu_\sigma + \mu \times \sigma_\sigma = 1.989\,9 + \mu \times 0.538\,5$$

$$\sigma = 10^{1.989\,9 + 0.538\,5\mu} \tag{6.21}$$

例如当故障概率 $P = 0.05$（即可靠度 $R = 1 - P = 0.95$）时，查单边 μ 得 $\mu = -1.65$，则

$$\sigma = 10^{1.989\,9 - 0.538\,5 \times 1.65} = 10^{1.10} = 12.6 \text{ kg/mm}^2$$

当然，我们可以提个问题，即工作应力 $\sigma \leqslant 30 \text{ kg/mm}^2$ 的可靠度是多少？这也等价于在工作应力 $\sigma \leqslant 30 \text{ kg/mm}^2$ 情况下失效的概率是多少，即求解 $P(\sigma \leqslant 30 \text{ kg/mm}^2)$ 的值。

令

$$10^{1.989\,9 + 0.538\,5\mu} = 30$$

则

$$1.989\,9 + 0.538\,5\mu = \lg 30 = 1.477\,1$$

$$-0.538\,5\mu = 0.512\,5$$

$$\mu = -0.512\,5/0.538\,5 = 0.952$$

$$P = 0.17$$

即在 $\sigma \leqslant 30 \text{ kg/mm}^2$ 的情况下失效的概率为 17%，因而可靠度为 83%。

上面这个说明性的例题，给我们提示了解决问题的一般程序。可靠性在断裂力学设计方面的应用，从 PFM 的观点出发，一是考虑应力和强度的统计参数的变化，二是考虑某种失效方式达到所希望的水平（或一般说的极小）从而进行结构设计和材料选择。这里，先分析设计方面的应用。

设：工作应力 σ_w 符合正态分布 $N(\bar\sigma_w, S_w)$，屈服强度 σ_y 符合正态分布 $N(\bar\sigma_y, S_y)$，脆断强度 σ_f 符合正态分布 $N(\bar\sigma_f, S_y)$。定义：

$$\left.\begin{array}{l} Y_y = \sigma_y - \sigma_w \\ Y_f = \sigma_f - \sigma_w \end{array}\right\} \tag{6.22}$$

当 $Y_y < 0$ 时，则发生屈服失效事件；当 $Y_f < 0$ 时，则发生脆断失效事件。

安全系数被定义为

$$\left.\begin{array}{l} n_y = \bar\sigma_y/\bar\sigma_w \\ n_f = \bar\sigma_f/\bar\sigma_w \end{array}\right\} \tag{6.23}$$

式（6.23）特别强调了强度和应力的分散性，因为在安全系数不变的情况下，缩小分散性会大大提高可靠性。

分布的参数可以用变差系数 V 来表示：

$$\left.\begin{array}{ll} V_w = S_w/\bar\sigma_w & （工作应力变差系数） \\ V_y = S_y/\bar\sigma_y & （屈服强度变差系数） \\ V_f = S_f/\bar\sigma_f & （脆断强度变差系数） \end{array}\right\} \tag{6.24}$$

如果 $V_y = V_f$，且 $\bar\sigma_y = \bar\sigma_f$，这时就会有 $\beta_y = \beta_f$ 和可靠概率 $P_y = P_f$。但实际上，$V_f \neq V_y$，这是因为 σ_f 是由下式给出的：

$$\sigma_f = \frac{K_{IC}}{\sqrt{\pi a}} \tag{6.25}$$

在式（6.25）中，由于 K_{IC} 的分散性大，所以 σ_f 的分散性大于 σ_y 的分散性；另外，a 的变化也

进一步提高了 σ_f 的分散性,所以 $V_f \gg V_y$。从物理差别来说,由于脆断是一种不稳定的过程,而屈服断裂是一种稳定的过程,因此,在设计中,我们就应该使脆断的可能性尽量减少,即让防止脆断的安全系数提高。

为了说明这一点,我们举一个简单的例子,用诺谟图(Nomogram)来选择安全系数,从而调整两种失效方式的破坏概率,如图 6-2 所示。图 6-2 左边纵坐标代表 V_w,右边纵坐标代表 V_y 和 V_f,横坐标是安全系数。为了求得失效概率 $P(r>0)$,可在 V_w 和 V_y 以及 V_w 和 V_f 之间引两条直线,它们分别与 $P(r<0)$ 相交,交点对应于不同的变差系数。例如,$V_w = 0.20$,$V_y = 0.10$,且 $V_f = 0.25$。当给定某一设计时,其他安全系数为 2.5($n_y = n_f = 2.5$),于是从图 6-2 可查得对于两种失效方式的破坏概率。

对于屈服破坏:

$$P_y = 2 \times 10^{-6}$$

介于 $10^{-5} \sim 10^{-6}$。

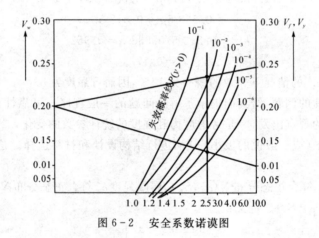

图 6-2　安全系数诺谟图

对于脆性破坏:

$$P_f = 1.3 \times 10^{-2}$$

比 10^{-2} 稍大。

这就清楚地表明,这个设计是不能接受的,因为脆性破坏概率远远大于屈服破坏概率。同时,这个例子也暗示,常规设计的安全系数是以屈服限 σ_s 或强度限 σ_b 与工作应力 σ_w 相比来确定的,这就存在一种潜在的危机,由于脆断强度 σ_f(它和 σ_b 不一样,它是考虑裂纹以后的强度)的 V_f 很大。从式(6.24)可见,由于 σ_f 大,$\bar{\sigma}_f$ 小,所以 V_f 大。所以诺谟图中它的破坏概率很大,这一点只有用 PFM 可能把它揭示出来,并用来指导设计。已知调整到 $P_f \leqslant P_y$ 为止,这就是可靠性意义上来说的最佳设计。

上面这个例子直观地说明了 PFM 特点,但它是从与某种失效方式相联系的应力即失效抗力角度来讨论 PFM 应用的。这在压力容器、电机汽轮的转子、桥梁、飞机、导弹、船舰及超静定结构等方面均有很大的实用价值。

6.2.3　断裂可靠性在选材方面的应用

为了说明 PFM 如何用于选材,我们考虑一个零件的合理设计。材料为 4340 钢,即相当于国内牌号 40NiMo 钢,通过试验,发现它的平均断裂韧性 $\bar{K}_{IC}$ 与平均屈服强度 $\bar{\sigma}_y$ 之间的关系为

$$\bar{K}_{IC} = 450 - 2\bar{\sigma}_y \tag{6.26}$$

其中，$\bar{K}_{IC}$ 的单位是 $\mathrm{ksi} \cdot \mathrm{m}^{\frac{1}{2}}$，$1\ \mathrm{ksi} = 0.7\ \mathrm{kgf/mm}^2$，$1\ \mathrm{ksi} \cdot \mathrm{m}^{\frac{1}{2}} = 3.5\ \mathrm{kgf/mm}^{\frac{3}{2}}$。

对于一个平均缺陷尺寸为 $\bar{a}$，其平均脆断强度 $\bar{\sigma}_f$ 为

$$\bar{\sigma}_f = (450 - 2\bar{\sigma}_y)/\sqrt{\pi\bar{a}} \tag{6.27}$$

这会引出一个如何选择材料特性以使零件得到最佳可靠性的问题。如果把 $\bar{\sigma}_y$ 选得太小，则屈服破坏的概率 P_y 将过分地大；但如果 $\bar{\sigma}_y$ 选得太大，这又会使脆断的概率 P_f 变得很大。因此要进行调整，先假定屈服破坏事件 E_y 和脆性破坏事件 E_f 是独立的时间，而且它们具有同等的重要性（当然如果它们不是相互独立的，而是统计相关的，且它们具有不同的重要性，这时也有解法，但较为复杂）。

在这种假定下，零件或结构的可靠性为

$$R = (1 - P_f)(1 - P_y) \tag{6.28}$$

$$P(E) = 1 - R = P_f + P_y - P_f P_y \tag{6.29}$$

对于给定的一组参数，为了计算 $P(E)$，我们仍用图 6-1 的诺谟图来得到 P_f 和 P_y，从而由式 (6.29) 计算 $P(E)$。

计算的程序：设裂纹的平均尺寸 $\bar{a}$ 已知，平均工作应力 $\bar{\sigma}_w$ 也已知，且它们固定在某一水平上。选定一个 $\bar{\sigma}_y$，可以计算出 $n_y = \dfrac{\bar{\sigma}_y}{\bar{\sigma}_w}$，然后又可以计算出 $V_y = \dfrac{S_y}{\sigma_y}$。选定 $\bar{\sigma}_y$ 后，$\bar{K}_{IC}$ 就不能再变了，它是 $\bar{K}_{IC} = 450 - 2\bar{\sigma}_y$，于是可得

$$n_f = \bar{\sigma}_f/\bar{\sigma}_w = \frac{450 - 2\sigma_y}{\sqrt{\pi a}\sigma}$$

同时算出

$$V_f = S_f/\bar{\sigma}_f$$

而

$$V_w = S_w/\bar{\sigma}_w$$

这样根据 $V_w - V_f - n_f$ 就可以在诺谟图上定出 P_f，同理从 $V_w - V_y - F_y$ 就可以在诺谟图上定出 P_y。

为了得到极小值 $P(E)$，把上式求得的 P_y 和 P_f 代入式 (6.29)，并对工作应力 $\bar{\sigma}_w$ 和缺陷尺寸 $\bar{a}$ 的一批固定值求得 $\bar{\sigma}_y$ 对 $P(E)$ 的图，就可读出极小值来。图 6-3 所示为计算流程。

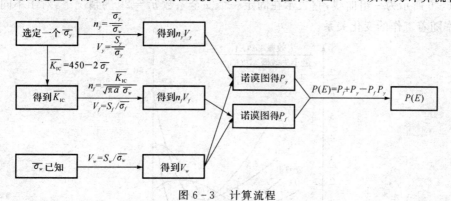

图 6-3　计算流程

图 6-4 所示为 $\sigma_w = 75\ \mathrm{ksi}$，$\bar{a}$ 分别为 $0.1,0.3,1,3$ 时，$\bar{\sigma}_y$ 与 $P(E)$ 的关系。其中 $\bar{a}$ 的变化、

探伤以及制造程序和零件的体积有关。图中指出,当 a 增加时,另外的失效概率 $P(E)$ 增加,并且最佳屈服强度降低。当缺陷尺寸较小时,$\bar{a}$ 的增加使 $P(E)$ 的增加很慢,这一特性指出,必须重新检查这一概念 —— 增加检查(探伤)的灵敏度将使可靠性大幅度增长。

当工作应力增加时,失效概率 $P(E)$ 和最佳平均屈服应力增加。表 6-5 所示为 16 种缺陷尺寸和工作应力的组合,给出了最小失效概率 $P(E)$ 下的最好 $\bar{\sigma}_y$ 值。这就指出,为选择最好的材料,对于输入参数的平均值和变量系数必须应用概率的方法。

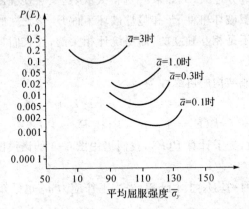

图 6-4　材料屈服强度与失效概率的关系

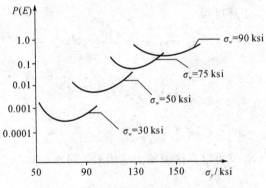

图 6-5　固定缺陷尺寸的 $P(E)$-$\bar{\sigma}_y$ 曲线

图 6-6 所示为一组曲线,它表示在固定一个安全系数 $n_y = 20$ 的情况下,对于不同的 $\bar{a}$,其失效概率随着工作的变化关系。

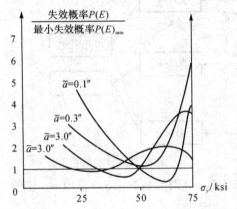

图 6-6　在安全系数 $n_y = \bar{\sigma}_y / \bar{\sigma}_w = 2.0$ 时,不同 $\bar{a}$ 的 $P(E)$-$\bar{\sigma}_y$ 曲线

表 6 - 2　最好的材料选择(最小的失效概率)

工作应力 σ_w/ksi	平均缺陷尺寸 $\bar{a}$/in	最佳平均屈服强度 σ_y/ksi	最小失效概率 $P(E)$	以 a 为基础的安全系数 F_f	以 a 为基础的安全系数 F_Y	$P(E)$ 对 $\bar{\sigma}_y$
35	0.1	85	10^{-4}	14.0	2.4	
35	0.3	80	2×10^{-4}	8.5	2.3	图 6 - 3
35	1.0	75	9×10^{-4}	4.8	2.6	
35	3.0	65	60×10^{-4}	3.0	1.86	
50	0.1	110	3×10^{-4}	8.2	2.2	
50	0.3	105	9×10^{-4}	4.9	2.1	图 6 - 4
50	1.0	95	60×10^{-4}	2.9	1.9	
50	3.0	80	500×10^{-4}	1.9	1.6	
75	0.1	140	2×10^{-3}	4.0	1.87	图 6 - 3
75	0.3	130	12×10^{-3}	2.6	1.73	图 6 - 3 和图 6 - 4
75	1.0	110	91×10^{-3}	1.73	1.47	图 6 - 3
75	3.0	95	440×10^{-3}	1.13	1.27	图 6 - 3
90	0.1	155	10^{-2}	2.8	1.72	
90	0.3	135	5×10^{-2}	2.1	1.50	图 6 - 4
90	1.0	115	27×10^{-2}	1.39	1.8	
90	3.0	110	77×10^{-2}	0.93	1.22	

注:1 in ≈ 25 mm。

6.3　金属构件疲劳断裂与可靠度计算

6.3.1　裂纹形成阶段疲劳累积损伤可靠度计算

很多试验统计证明,对于晶相组织细密、屈服极限高的金属材料,经过探伤检验测量并未发现有宏观裂纹。但在某个使用阶段后再探伤检查时,就会发现有宏观裂纹出现。在宏观裂纹出现前这个阶段,材料强度也随时间而降低,忽略了这段降低过程,会造成错误的可靠性估计。因此,在这种情况下估计可靠度时,不仅要像上述计算裂纹平稳扩展阶段的可靠度,而且还要计算宏观裂纹出现前这段时间的可靠度。

由于质量和经济的要求,对大多数军用设备来说,在它们被检查、修理或更换以前,允许有一个疲劳损伤的累积过程。在这种情况下,可靠度的分析是把带裂纹构件的剩余强度 $Y(N)$ 作为循环次数 N 的函数,并假定作用应力最大值 $X_{\max}$ 等于 $Y(N)$ 时就发生断裂失效,于是失效概率为

$$P_f(N) = P[Y(N) < X_{\max}] \tag{6.30}$$

为估计式(6.30)的失效概率,分别考虑宏观裂纹形成阶段和稳定扩展阶段的概率分布。裂纹平稳扩展阶段将在 6.3.2 小节讨论,现在研究宏观裂纹形成阶段。

目前对这个阶段的裂纹形成机制已经获得了定性了解,但这个阶段的强度降低还不能用具体的材料参数来表达。目前的方法是引进一个损伤参数 D,有

$$D = \frac{Y(0) - Y(N)}{Y(0) - Y_{\mathrm{I}}} \tag{6.31}$$

式中　$Y(0)$—— 初始的强度;

Y_I —— 正好形成宏观裂纹 a_c 的强度;

$Y(N)$ —— 某一瞬间的强度。

Y_I 标志着形成裂纹阶段的结束,它与宏观裂纹尺寸初始裂纹 a_I 对应,而宏观裂纹 a_C 就是上述我们讨论平稳扩展过程时的初始裂纹 a_I。根据式(6.5)有

$$Y_I = f^{-1} K_{1C} a_I^{\frac{1}{2}} \tag{6.32}$$

此式用来描述 Y_I 与 a_I 的对应关系。

疲劳损伤一般使用下述表达式计算:

$$\frac{dD}{dN} = n \left(\frac{X}{1-D} \right)^m \tag{6.33}$$

式中,n,m 为材料参数。

对式(6.33)积分得

$$Y(N) = Y_I + [Y(0) - Y_I] \left(1 - \frac{N}{N_c} \right)^{m'} \tag{6.34}$$

式中
$$m' = \frac{1}{1+m}, \quad N_c = \frac{1}{n(1+m)X^m}$$

由式(6.34)可知,由于 Y_I 和 $Y(0)$ 都是随机变量,因而 $Y(N)$ 也是随机变量。可由这些随机变量来估计 $Y(N)$ 的分布。目前,使用最多的是假定 $Y(N)$ 为三参数威布尔分布,而实际进行计算时,则应力 $Y(N)$ 可视为非随机变量,$Y(N)$ 亦就看作定值了。因此有

$$\left.\begin{aligned} P[Y(0) < y_0] &= 1 - \exp\left(-\frac{y_0 - a}{b} \right)^c \\ P[Y(N) < y] &= 1 - \exp\left(-\frac{y - a'}{b'} \right)^{c'} \end{aligned}\right\} \tag{6.35}$$

$$R(N) = \exp\left(-\frac{y - a'}{b'} \right)^c \tag{6.36}$$

$$P[Y(N) < y] = 1 - \exp\left(-\frac{y - a'}{b'} \right)^c \tag{6.37}$$

把式(6.34)中的 $Y(N)$ 代入上式左端得

$$P\left\{ \left[Y_I + (Y(0) - Y_I)\left(1 - \frac{N}{N_0}\right)^{m'} \right] < y \right\} = P\left\{ \left[Y_I + Y(0)\left(1 - \frac{N}{N_c}\right)^{m'} - Y_I\left(1 - \frac{N}{N_c}\right)^{m'} \right] < y \right\} =$$

$$P\left\{ Y(0)\left(1 - \frac{N}{N_c}\right)^{m'} < \left[y - Y_I + Y_I\left(1 - \frac{N}{N_c}\right)^{m'} \right] \right\} =$$

$$P\left\{ Y(0) < \left[\frac{y - Y_I + Y_I\left(1 - \frac{N}{N_c}\right)^{m'}}{\left(1 - \frac{N}{N_c}\right)^{m'}} \right] \right\}$$

若令 $y'_0 = \dfrac{y - Y_I + Y_I\left(1 - \dfrac{N}{N_c}\right)^{m'}}{\left(1 - \dfrac{N}{N_c}\right)^{m'}}$,则

$$P[Y(0) < y'_0] = 1 - \exp\left(-\frac{y'_0 - a}{b} \right)^c =$$

$$1-\exp\left[-\frac{y-y_1\left(1-\dfrac{N}{N_c}\right)^m-a\left(1-\dfrac{N}{N_c}\right)^{m'}}{b\left(1-\dfrac{N}{N_c}\right)^{m'}}\right]=1-\exp\left[-\frac{y-a'}{b'}\right]^{c'}$$

$$\tag{6.38}$$

式中

$$a'=Y_1-a+Y_1\left(1-\frac{N}{N_c}\right)^{m'}$$

$$b'=b\left(1-\frac{N}{N_c}\right)^{m'}$$

$$c'=c$$

其中,b,c,a 为构件初始强度 $Y(0)$ 的威布尔分布参数。

这样,形成宏观裂纹 a 前的可靠度 $R(N)$ 即可求得,或者在规定了可靠度后,相应可靠寿命 N 即可求得。

6.3.2　裂纹扩展累积损伤寿命及可靠性计算

按强度学的定义,当强度这个随机变量随设备的使用时间而下降时,其下降的程度与应力作用次数有关,同时与应力的大小有关,强度的下降程度称为累积损伤。从下面的推导中可以看出裂纹疲劳扩展是累积损伤的模型。

断裂力学理论中认为,一般工程材料都存在着缺陷(非金属夹杂、晶相断裂、切口、划口、裂纹等),对于大多数由高强度材料制成的军械设备,裂纹的存在更是不可避免的。带裂纹工作的构件,如果裂纹的宏观尺寸已由探伤工作所测定(或漏检的裂纹最大尺寸已确定),裂纹扩展速率值 $\dfrac{\mathrm{d}\alpha}{\mathrm{d}N}$ 也已由相应的材料测定,则可以根据构件使用过程裂纹的平稳扩展来确定过程扩展的速率公式,即

$$\frac{\mathrm{d}\alpha}{\mathrm{d}N}=c\,(\Delta k)^n=c\,(\Delta\sigma\sqrt{\pi a}\,)^n \tag{6.39}$$

来确定可靠度或可靠寿命。式中,c,n 为材料常数;$\Delta\sigma$ 为应力变化范围。

把 $\Delta\sigma$ 看作随机变量并用 X 表示,a 仍用随机变量 A 表示。则

$$\frac{\mathrm{d}A}{\mathrm{d}N}=BX^nA^{\frac{n}{2}} \tag{6.40}$$

$$B=C\times\pi^{\frac{n}{2}} \tag{6.41}$$

一般来说,应力 X 的出现是随机无关(即独立)的,它不随结构的工作周次 N 而变化,故对式(6.40)积分可得

$$\frac{2}{2-n}A^{\frac{2-n}{2}}=BX^nN+C \tag{6.42}$$

如果原始裂纹的尺寸为 A_1,则积分常数 $C=\dfrac{2}{2-n}A_1^{\frac{2-n}{2}}$,所以式(6.42)可写成如下形式:

$$\frac{2}{2-n}(A^{\frac{2-n}{2}}-A_1^{\frac{2-n}{2}})=BX^nN \tag{6.43}$$

由于

$$Y(N)=K_{\mathrm{IC}}\left[\pi A(N)\right]^{-\frac{1}{2}}$$

则

$$A = \frac{K_{IC}^2}{\pi} Y^{-2}(N), \quad A_1 = \frac{K_{IC}^2}{\pi} Y^{-2}(0)$$

式中，$Y(0)$ 为 $N=0$（即初始时）的剩余强度，它也是随机变量。

把 A, A_1 代入式（6.43）得

$$Y(0)^{(n-2)} - Y(N)^{(n-2)} = MX^n N \tag{6.44}$$

式中

$$M = \frac{B(n-2)\pi^{\frac{(2-n)}{2}}}{2K_{IC}^{(2-n)}} = \frac{c\pi^{\frac{n}{2}}\pi^{\frac{(2-n)}{2}}(n-2)}{2K_{IC}^{(2-n)}} = \frac{c\pi(n-2)}{2K_{IC}^{(2-n)}} \tag{6.45}$$

式（6.44）亦可写为

$$Y(N) = \left[Y(0)^{(n-2)} - MX^n N\right]^{\frac{1}{n-2}} \tag{6.46}$$

从式（6.46）可以看出，强度 $Y(N)$ 随 N 的增大而减小且与应力 X 有关。因此是累积损伤模型。式（6.46）可称为疲劳断裂累积损伤模型。其疲劳断裂的可靠度为

$$R(N) = P[X < Y(N)] = P[X^{(n-2)} < Y(N)^{(n-2)}] = P\{X^{(n-2)} < Y(0)^{(n-2)} - MX^n(N)\} =$$
$$P\{[X^{(n-2)} + MNX^n] < Y(0)^{(n-2)}\} \tag{6.47}$$

式中，$X, Y(0), M$ 均为随机变量。从式（6.45）可以看出，由于 M 为 n, c, K_{IC} 的函数，虽然试验证明材料常数 n, c 很小，但由于 K_{IC} 散布很大，因而 M 值为与 K_{IC} 有关的随机变量。

令
$$Y' = Y(0)^{(n-2)}, \quad X' = X^{(n-2)} + MX^n N \tag{6.78}$$

则式（6.47）可写为

$$R(N) = P(X' < Y') = \int_0^{+\infty} g(y)\left[\int_0^y f(x)dx\right]dy \tag{6.49}$$

式中　$g(y)$——Y' 的密度函数；

$f(x)$——X' 的密度函数。

只要求得 $g(y), f(x)$，就可求得不同周次 N 所对应的可靠度 $R(N)$，可得出 $R(N)$-N 曲线。当给定可靠度允许值时可查得可靠寿命 N_R；相反，当给定作用周次 N 时可查得可靠度 $R(N)$。

因为 $g(y), f(x)$ 是 Y', X' 的密度函数，而 Y', X' 是由式（6.48）所表达的随机变量函数，因此，求 $g(y), f(x)$ 应按照统计理论中求随机变量函数的密度函数的方法进行求解，这属于多维随机变量问题。按照这种方法求解，只有在某些简化情况下才能求得 $f(x)$ 的解析解（注：$g(y)$ 的解析解易求得，因 Y' 存在，从而求得 $R(N)$ 的解析解）。

在很多情况下 $f(x)$ 的解析解不能求出，这是因为，求疲劳断裂的可靠性 $R(x)$ 可用统计方法把式（6.48）作直方图，然后近似求得 $f(x)$，这种统计方法在现代计算机广泛使用的情况下并不困难。无论使用何种方法求解 $R(x)$ 值，都必须预先知道 $Y(0), X, K_{IC}$ 这些随机变量的分布和特征量，而它们的分布和特征量目前都有可提供使用的科研成果。这样疲劳断裂可靠度问题就得到了解决。

6.4　导弹推进剂贮箱结构强度与剩余寿命评估

液体火箭推进剂贮箱是一种大型焊接压力容器，由于焊接缺陷和材料缺陷的影响及在贮存过程中意外损伤，结构不可避免地存在裂纹。根据试验和现场数据表明，贮箱失效模式主要

是低应力情况下的脆断,而裂纹是失效的主要原因。因此无论是设计制造中的质量控制,还是使用过程中的安全监督,都必须针对结构缺陷建立安全评定标准 J_{IC} 准则。另外,考虑到现役贮箱的使用状况和服役年限的要求,还需要研究裂纹疲劳扩展速率,计算结构剩余寿命。

6.4.1　推进剂贮箱应力分析

液体导弹有一、二级各两个推进剂贮箱(氧化剂 Y 和燃烧剂箱 R)。贮箱是弹体结构最主要的部件,它既是储存推进剂的容器,也是弹体的受力构件。它主要承受轴压和内压作用。

推进剂贮箱大体由以下三部分组成:

(1)箱体:一般由圆筒段和前、后底焊接而成。

(2)箱裙:箱体和相邻部段的连接段,即前、后短壳。

(3)附件:主要是推进剂输送管路、加注和溢出活门、防晃装置等。

由于前、后短壳是薄壁加肋结构,具有较高的强度,能承受较大的轴压,所以主要考虑箱体的结构强度。下面以一级氧化剂贮箱为例介绍箱体结构组成。

筒段由五段组成,每段均由四块化铣斜置($\theta = 45°$)正交网格结构的曲板焊接而成;前、后底由顶盖和八块瓜瓣拼焊而成的圆环组成,它是 $m = a/b = 1.6$ 的椭球底一部分(a, b 分别是长、短轴)。

1.圆筒段应力分析

贮箱简化模型如图 6-7 所示,取出一单元体,受力如图 6-8 所示。圆筒段壁厚 $t = 4$ mm,直径 $D = 3.35$ m,由弹性力学板壳理论知,当 $t/D \leqslant 1/20$ 时可以视为薄壁结构。因此,圆筒段的轴向正应力 σ_x 和环向正应力 σ_y 为

$$\left. \begin{array}{l} \sigma_x = \dfrac{PR}{2t} - \sigma_x^0 \\[3mm] \sigma_y = \dfrac{PR}{t} \end{array} \right\} \tag{6.50}$$

其中

$$\sigma_x^0 = \frac{P^0}{\pi Dt}$$

式中　　P——内压;

$\quad\quad P^0$——轴压;

$\quad\quad R$——贮箱半径;

$\quad\quad t$——壁厚。

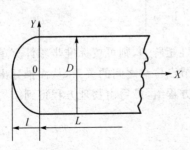

图 6-7　贮箱简化模型示意图

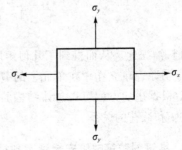

图 6-8　单元体应力状态

2.封头段应力分析

封头段属于回转薄壳,壳体母线上不同位置对应的应力状态不同,但由于对称性以母线上某一点作回转而形成的圆轴上各点的应力相同,因此可以取一条母线利用三点曲边单元划分网格计算母线上各点的应力。采用如图6-9所示单元体,选取适当的形函数,利用边界条件,建立单元体的平衡方程,可以得到椭球壳体上任意一点的应力响应、应变与载荷的关系。

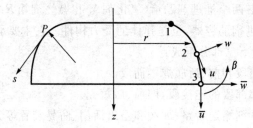

图6-9 回旋薄壁壳元

若取 ξ 为局部坐标,并在曲边壳元上取三个节点,其中2点的局部坐标为0,1点局部坐标为-1,3点局部坐标1,则形函数应为

$$\left.\begin{aligned} N_1 = N_1(\xi) = \frac{1}{2}\xi^2 - \frac{1}{2}\xi \\ N_2 = N_2(\xi) = 1 - \xi^2 \\ N_3 = N_3(\xi) = \frac{1}{2}\xi^2 + \frac{1}{2}\xi \end{aligned}\right\} \tag{6.51}$$

经过分析计算可以得到单元体的几何矩阵为

$$\boldsymbol{B}_i = \begin{bmatrix} \cos\phi\,\dfrac{\mathrm{d}N_i}{\mathrm{d}s} & \sin\phi\,\dfrac{\mathrm{d}N_i}{\mathrm{d}s} & 0 \\ 0 & \dfrac{N_i}{r} & 0 \\ 0 & 0 & -\dfrac{\mathrm{d}N_i}{\mathrm{d}s} \\ 0 & 0 & -\dfrac{\sin\phi N_i}{r} \end{bmatrix} \quad (i = 1,2,3) \tag{6.52}$$

对于本课题所用的弹性矩阵为

$$\boldsymbol{D} = \frac{E}{1-\nu} \begin{bmatrix} 1 & \nu & 0 \\ \nu & 1 & 0 \\ 0 & 0 & \dfrac{1-\nu}{2} \end{bmatrix} \tag{6.53}$$

其中,ν 为材料泊松比。从而得到了几何矩阵 $\boldsymbol{B}$,弹性矩阵 $\boldsymbol{D}$,则可按标准步骤计算单元刚度矩阵,即利用虚功原理建立作用在单元上的节点力和节点位移之间的关系,从而推导出单元的刚度矩阵,然后根据虚功方程可得总体结构的有限元方程组,最后由物理方程得到结构上任意一点的应力应变和载荷的关系。

6.4.2 推进剂贮箱缺陷安全评定判据的建立

液体推进剂贮箱是一种大型焊接压力容器,由于焊接缺陷和材料缺陷的影响及在贮存和作战训练过程中意外划伤,结构不可避免地存在裂纹,而且这些裂纹多以未穿透裂纹(表面裂纹、内埋裂纹和半露头裂纹)形式存在,如图 6-10 所示。所以必须针对裂纹缺陷建立安全评定标准。

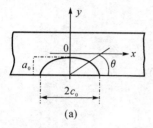 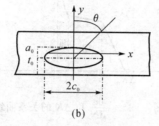 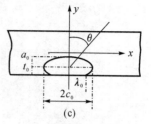

(a)　　　　　　　　　　(b)　　　　　　　　　　(c)

图 6-10　未穿透裂纹的裂纹面示意图

(a) 表面裂纹;　(b) 内埋裂纹;　(c) 半露头裂纹

利用 Rice 和 Levy 求解表面裂纹应力强度因子的线弹簧模型,推导内埋裂纹、半露头裂纹和表面裂纹的强度应力因子 K_I 计算公式,然后由 K_I 和 J_I 的关系,计算上述各种情形的 J_I 值,从而建立安全评定判据:当 $J_I < J_{IC}$ 时,结构安全;反之,结构不安全。其中 J_{IC} 由试验测定,J_I 由下式确定:

对于内埋裂纹,有

$$J_I = \frac{(1 - \nu^2)\, \sigma^2 \pi a}{E \phi_0^2} \tag{6.54}$$

对于表面裂纹,有

$$J_I = \frac{1.1^2 (1 - \nu^2)\, \sigma^2 \pi a}{EQ} \tag{6.55}$$

式中,$Q = \phi_0^2 - 0.212 \left(\dfrac{\sigma}{\sigma_s}\right)^2$ 为表面裂纹的形状参数;ϕ_0 为第二类椭圆积分。它们都可以从相关表格查到。

6.4.3　推进剂贮箱剩余寿命计算公式

对于推进剂贮箱缺陷,虽然原始裂纹 a_0 可能小于临界尺寸 a_C,但是在低应力疲劳条件下原始裂纹可以慢慢扩展,经过一定周期后,就会达到临界尺寸 a_C,从而导致构件突然脆断。因此对这类构件进行安全设计和寿命估算时,还要知道裂纹扩展的速率 da/dN。

大量实验表明,$\dfrac{da}{dN}$ 和 ΔK 有如图 6-11 所示的关系。它分为三个区:

(1) I 区　当 $\Delta K \leqslant \Delta K_{th}$ 时,$\dfrac{da}{dN} \leqslant 10^{-7}\,\mathrm{mm/}$ 次,裂纹基本不扩展,裂纹萌生阶段;

(2) II 区　当 $\Delta K > \Delta K_{th}$ 时,$10^{-7}\,\mathrm{mm/}$ 次 $\leqslant \dfrac{da}{dN} \leqslant 10^{-3}\,\mathrm{mm/}$ 次,裂纹稳定扩展;

(3) III 区　当 ΔK 接近 K_{IC} 时,$\dfrac{da}{dN} > 10^{-3}\,\mathrm{mm/}$ 次,裂纹失稳扩展。

其中,ΔK_{th} 为疲劳裂纹扩展门槛值。

我们最关心的是 II 区,即裂纹稳定扩展阶段,由 Paris 公式得到剩余寿命估算公式为

$$N_f = \int_0^{N_c} dN = \int_{a_0}^{a_C} \frac{da}{c\,(\Delta K)^n} = \int_{a_0}^{a_C} \frac{da}{c\,(y\Delta\sigma)^n \left(\sqrt{\pi a}\right)^{\frac{n}{2}}} \tag{6.56}$$

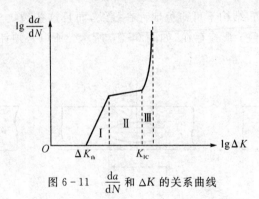

图 6-11　$\dfrac{\mathrm{d}a}{\mathrm{d}N}$ 和 ΔK 的关系曲线

当 $n \neq 2$ 时

$$N_f = \frac{2}{(n-2)c\pi^{\frac{n}{2}}(y\Delta\sigma)^n}(a_0^{\frac{1-n}{2}} - a_C^{\frac{1-n}{2}})$$

当 $n = 2$ 时

$$N_f = \frac{1}{c\pi(y\Delta\sigma)^2}\ln\frac{a_C}{a_0}$$

式中　　ΔK——$\Delta K = \Delta\sigma y\sqrt{\pi a}$;

　　　　y——几何形状因子;

　　a_0, a_C——初始裂纹、临界裂纹长度;

　　　　N_c——循环周次。

到目前为止,尚不知贮箱板材 LD10 铝合金及其焊件的断裂韧性 J_{IC} 和疲劳裂纹扩展速率 $\mathrm{d}a/\mathrm{d}N$。要对贮箱进行安全性评定和可靠性分析,就必须研究 LD10 铝合金及焊件的疲劳失效规律。为此,对母材、焊缝和热影响区进行断裂韧性 J_{IC} 和疲劳裂纹扩展速率 $\mathrm{d}a/\mathrm{d}N$ 试验。断裂韧性 J_{IC}、疲劳裂纹扩展速率 $\mathrm{d}a/\mathrm{d}N$ 的试验检测和计算严格按照国家标准进行,分别对应着中华人民共和国国家标准《金属材料延性断裂韧度试验方法》(GB2038—91)和《金属材料疲劳裂纹扩展速率试验方法》(GB/T6398—2000)。

按照贮箱的焊接工艺焊接一些板材,然后制取三点弯曲 SE(B) 试样,裂纹由线切割而成,分别开在母材、焊缝及热影响区,研究了 LD10 断裂韧度 J_{IC} 和裂纹扩展速率 $\mathrm{d}a/\mathrm{d}N$ 的规律。最终得到的试验结果如下。

LD10 铝合金母材的断裂韧性:

$$J = [0.112\,6(\Delta a) + 9.404\,5]\ \mathrm{kJ/m^2}$$

J_{IC} 的值为

$$J_Q = 9.404\,5\ \mathrm{kJ/m^2}$$

LD10 铝合金焊缝的断裂韧性:

$$J = 15.198(\Delta a)^{0.403}\ \mathrm{kJ/m^2}$$

J_{IC} 的值为

$$J_Q = 8.096\,8\ \mathrm{kJ/m^2}$$

LD10 铝合金热影响区的断裂韧性:

$$J = 141.58(\Delta a)^{1.431\,4}\ \mathrm{kJ/m^2}$$

J_{IC} 的值为

$$J_Q = 16.110 \text{ kJ/m}^2$$

LD10 铝合金母材的裂纹扩展速率：

$$da/dN = 2 \times 10^{-8} (\Delta K)^{2.9149}$$

LD10 铝合金焊缝的裂纹扩展速率：

$$da/dN = 4 \times 10^{-8} (\Delta K)^{3.4430}$$

LD10 铝合金热影响区的裂纹扩展速率：

$$da/dN = 1 \times 10^{-8} (\Delta K)^{4.1174}$$

6.4.4　缺陷安全评定概率模型的建立

在前面分析中,所有的计算公式中的变量都被当成确定量来处理。在应力-强度模型中,实际的应力、强度都是随机变化的。如在缺陷安全评定公式 $J_1 < J_{IC}$ 中,J_1 和 J_{IC} 都是随机变量,都有其各自的分布。J_{IC} 是从裂纹扩展断裂韧性 J_{IC} 试验中得出的临界值,有一定的分散性。不同的人试验,会得出不同的结果。在计算 J_1 时,我们知道它是应力因子范围 ΔK、裂纹长度 a、材料的性能流变应力 σ_Y、弹性模量 E、泊松比 μ 等的函数。外界环境千变万化,应力因子范围 ΔK 不可能是定值。裂纹长度 a 是通过无损检测探测出来的,这中间包含的不确定因素就更多了。仪器本身有分辨率的问题;实际缺陷的性质不同,对超声波的反射能力不同,从而导致测量的裂纹有误差;操作方法和操作人员的熟练程度不同,其探测结果也不一样;探测出来的缺陷形状通常是不规则的,为了简化计算,常要简化成规则形状的缺陷,这样势必也会带来不确定性。总之,评定判据公式中的量都是随机变量,把不定量当成确定量来考虑,势必带来误差。为了考虑这些不定量的影响,就很有必要进行可靠性分析。

J 的分布一般有三种分布,即正态分布、对数正态分布和威布尔分布。大量的试验证明,应力一般服从正态分布,强度服从威布尔分布。

1. J_1 的分布函数

由公式 $J_1 = \sigma_Y \delta$ 和 $\delta = \dfrac{8a\sigma_Y}{\pi E} \ln\sec \dfrac{\pi\sigma}{2\sigma_Y}$ 可得

$$J_1 = \frac{8a\sigma_Y^2}{\pi E} \ln\sec \frac{\pi\sigma}{2\sigma_Y} \tag{6.57}$$

式中,$\sigma_Y = \dfrac{\sigma_b + \sigma_s}{2}$ 称为流变应力。式中各参数均可看成服从正态分布,其分布如下：

$\sigma_Y \sim N(421.701, 22.771^2)$,$\sigma_Y$ 的变差系数为 $\nu_{\sigma_Y} = 0.054$;

$\sigma \sim N(113.0, 7.01^2)$,$\sigma$ 的变差系数为 $\nu_\sigma = 0.062$;

$a \sim N(0.5, 0.05^2)$,a 的变差系数为 $\nu_a = 0.1$。

在 J_1 的表达式中,既有乘除运算,还有三角、对数运算。采用 Taylor 级数展开近似地求其特征值也是相当困难的;即使求出了其特征值,也不知道 J_1 的分布函数是什么。因此,采用 Monte-Carlo 方法模拟其分布。由 Monte-Carlo 混合同余法计算机模拟 1 000 次,且通过独立性、均一性和参数检验,效果较好。得到 J_1 的分布近似服从正态分布,即

$$J_1 \sim N(0.292, 0.0291^2)$$

其均值 $\mu = 0.292$,方差 $\sigma = 0.0291$,变差系数 $\nu_{J_1} = 0.1$。

2. J_{IC} 的分布函数

我们认为 J_{IC} 服从两参数的威布尔概率分布,即

$$F_{J_{IC}}(J_{IC}) = 1 - \exp\left[-\left(\frac{J_{IC}}{\beta}\right)^{\alpha}\right] \tag{6.58}$$

式中,α,β 分别为形状参数和尺寸参数。

变换式(6.58)为

$$\ln\ln\frac{1}{1 - F_{J_{IC}}(J_{IC})} = \alpha\ln J_{IC} - \alpha\ln\beta \tag{6.59}$$

根据试验可知,焊缝 J_{IC} 有 7 个值,为小子样情况。累积频率函数 $F_{J_{IC}}(J_{IC})$ 用下式计算:

$$F_{J_{IC}}(J_{IC_i}) = \frac{i - 0.3}{n + 0.4} \tag{6.60}$$

计算结果见表 6-3。

表 6-3 J_{IC} 的累积频率计算

$J_{IC_i}/(\text{kJ}\cdot\text{m}^{-2})$	7.127	8.177	8.489	9.963	11.606	11.819	13.407
$\ln J_{IC_i}$	1.963 9	2.101 3	2.138 8	2.298 9	2.451 5	2.469 7	2.595 8
$F_{J_{IC}}(J_{IC_i}) = \dfrac{i-0.3}{n+0.4}$	0.094 6	0.229 7	0.364 8	0.500 0	0.635 1	0.770 3	0.905 4
$\ln\ln\dfrac{1}{1-F_{J_{IC}}(J_{IC_i})}$	$-2.308\ 9$	$-1.343\ 2$	$-0.789\ 8$	$-0.366\ 5$	0.008 2	0.385 8	0.857 9

将表 6-3 中数值按式(6.59)进行线形拟合后即可得到形状参数 α 和尺寸参数 β 分别为

$$\alpha = 4.578\ 9, \quad \beta = 11.071\ 5$$

相关系数为
$$\gamma = 0.980\ 9$$

结果表明 J_{IC} 数值是符合两参数威布尔分布的,即有 J_{IC} 的分布函数为

$$F_{J_{IC}}(J_{IC}) = 1 - \exp\left[-\left(\frac{J_{IC}}{11.071\ 5}\right)^{4.578\ 9}\right] \tag{6.61}$$

J_{IC} 概率密度函数为

$$f_{J_{IC}}(J_{IC}) = 0.415\ 6\left(\frac{J_{IC}}{11.071\ 5}\right)^{3.578\ 9}\exp\left[-\left(\frac{J_{IC}}{11.071\ 5}\right)^{4.578\ 9}\right] \tag{6.62}$$

其均值为

$$\mu_{J_{IC}} = \beta\Gamma\left(1 + \frac{1}{\alpha}\right)$$

方差为

$$\sigma_{J_{IC}}^2 = \beta^2\left[\Gamma\left(1 + \frac{2}{\alpha}\right) - \Gamma^2\left(1 + \frac{1}{\alpha}\right)\right]$$

式中,$\alpha = 4.578\ 9$,$\beta = 11.071\ 5$,$\Gamma(\cdot)$ 可查表。故有 $\mu_{J_{IC}} = 10.060\ 1$,$\sigma = 2.513\ 1$。

由上面分析知道,应力分布为正态分布,强度分布为威布尔分布,即

$$J_I \sim N(0.292, 0.029\ 1^2), \quad f_{J_{IC}}(J_{IC}) = 0.415\ 6\left(\frac{J_{IC}}{11.071\ 5}\right)^{3.578\ 9}\exp\left[-\left(\frac{J_{IC}}{11.071\ 5}\right)^{4.578\ 9}\right]$$

所以,推进剂贮箱的可靠性模型为应力服从正态分布而强度服从威布尔分布的应力-强度

干涉模型。根据干涉模型,其故障率为

$$P(J_{IC} > J_1) = 1 - \int_{-\infty}^{+\infty} \left[\int_{J_{IC}}^{+\infty} f(J_1) \, dJ_1 \right] f_{J_{IC}}(J_{IC}) \, dJ_{IC} =$$

$$1 - \Phi\left(-\frac{\mu_{J_1}}{\sigma_{J_1}}\right) - \frac{1}{\sqrt{2\pi}} \frac{\beta}{\sigma_{J_1}} \int_0^{+\infty} \exp\left[-\left(\frac{J_{IC}}{\alpha}\right)^\beta - \frac{1}{2}\left(\frac{\beta - \mu_{J_1}}{\sigma_{J_1}}\right) \right] \frac{1}{\beta} \, dJ_{IC}$$

$$(6.63)$$

只要知道推进剂贮箱的初始参数,利用该干涉模型就可以求其可靠性指标。

6.4.5　剩余寿命可靠性模型的建立

实际上,推进剂贮箱承受疲劳载荷的作用,强度随应力作用时间或次数的增加而降低,即有累积或老化的作用。结构内的裂纹尺寸,随着疲劳周次的增加,裂纹长度扩展。相反,由于裂纹长度的增大,相应地静截面积减少,故应力增大,临界裂纹长度 a_c 便减少。随着循环周次的不断增加,临界裂纹长度 a_c 将不断地减少。从广义的应力、强度来说,就是随着时间或循环周次的增加,应力逐步增大,而强度却逐渐降低。这种应力和强度随时间而变化的模型,定义为应力-强度-时间(SST)模型。下面采用 Paris 公式来分析寿命可靠性。

$$\frac{da}{dN} = c(\Delta K)^n \tag{6.64}$$

式中　c, n—— 材料常数;

　　ΔK—— 应力强度因子幅值,$\Delta K = \Delta\sigma\sqrt{\pi a}$。

进一步得

$$\frac{da}{dN} = c\pi^{\frac{n}{2}} \Delta\sigma^n a^{\frac{n}{2}} \tag{6.65}$$

按照应力强度因子公式,对于内埋裂纹,有

$$K_{IC} = \frac{\sigma_C\sqrt{\pi a}}{\phi_0} \tag{6.66}$$

式中,σ_C 为临界应力值,进一步变换为

$$\sigma_C = \frac{\phi_0 K_{IC}}{\sqrt{\pi a}} \tag{6.67}$$

由上式知,临近应力 σ_C 随着裂纹尺寸 a 的增大而降低,两边对 N 求导,得

$$\frac{d\sigma_C}{dN} = -\phi_0 \frac{K_{IC}}{2\sqrt{\pi}} a^{-\frac{3}{2}} \frac{da}{dN} \tag{6.68}$$

将式(6.65)代入式(6.68)中,得

$$\frac{d\sigma_C}{dN} = -\frac{1}{2}\pi\phi_0 c K_{IC} \Delta\sigma^n \sigma_C^{3-n} \tag{6.69}$$

对上式两边积分,且用 $J_{IC} = \frac{1-\nu^2}{E} K_{IC}^2$,得到寿命表达式为

$$N_f = \frac{2\left[\left(\dfrac{EJ_{IC}}{1-\nu^2}\right)^{\frac{n-2}{2}} - \left(\sigma_0\sqrt{\pi a_0}\right)^{n-2}\right]}{(n-2)\phi_0 c\pi^{\frac{n}{2}}\left(\dfrac{EJ_{IC}}{1-\nu^2}\right)^{\frac{n-2}{2}} \Delta\sigma^n a_0^{\frac{n-2}{2}}} \tag{6.70}$$

对于表面裂纹,同样可得

$$N_f = \frac{2\left[\left(\frac{EJ_{IC}}{1-\nu^2}\right)^{\frac{n-2}{2}} - \left(\sigma_0\sqrt{\pi a_0}\right)^{n-2}\right]}{(n-2)\sqrt{Q}c\pi^{\frac{n}{2}}\left(\frac{EJ_{IC}}{1-\nu^2}\right)^{\frac{n-2}{2}}\Delta\sigma^n a_0^{\frac{n-2}{2}}} \tag{6.71}$$

式中,$E = 7\,000\ \text{kg/mm}^2$,$\nu = 0.3$,$\sigma_0 = 56.53\ \text{MPa}$,$c = 4\times10^{-8}$,$n = 3.443\,0$,$Q = 1.10$。

下面利用前面的缺陷安全评定判据和两种概率模型来分析推进剂贮箱缺陷实例。

例 6.1 检测某推进剂贮箱筒段熔合线上有一表面裂纹,裂纹长度为 $2c_0 = 50\ \text{mm}$,最大深度 $h_0 = 0.5\ \text{mm}$,裂纹宽 $2a_0 = 3\ \text{mm}$,筒段壁厚 $t = 4\ \text{mm}$,材料泊松比 $\nu = 0.3$。评定结构是否安全。若安全,试求其剩余寿命,并求其可靠度。已知内压 $p = 0.27\ \text{MPa}$,直径 $D = 3.35\ \text{m}$。

解 先将结构简化,进行应力分析,计算得到最危险的断裂韧性 $J_1 = 0.292\ \text{kJ/m}^2$,显然,$J_1 < J_{IC}$,这里 $J_{IC} = 8.096\,8\ \text{kJ/m}^2$(性能试验测定),所以结构安全。

由干涉模型式(3.7)求得其可靠度为 $R = 0.9^{12}6981$。一般压力容器的可靠度为 99.999%,计算得到的结构可靠度远大于该值,所以认为结构带缺陷继续使用是安全的。

临界裂纹长度为

$$a_C = \frac{0.36QEJ_{IC}}{1.10^2\pi\sigma^2(1-\nu^2)} = 3.01\ \text{mm}$$

剩余寿命为

$$N_f = \int_0^{N_c} \mathrm{d}N = \int_{a_0}^{a_C}\frac{\mathrm{d}a}{c\,(\Delta K)^n} = \int_{a_0}^{a_C}\frac{\mathrm{d}a}{c\,(\Delta\sigma)^n\,(\sqrt{\pi a})^{\frac{n}{2}}} =$$

$$\frac{2}{(n-2)c\pi^{\frac{n}{2}}\,(\Delta\sigma)^n}(a_0^{\frac{1-n}{2}} - a_C^{\frac{1-n}{2}})$$

式中,$n = 3.443\,0$,$c = 4\times10^{-8}$,$\Delta\sigma = 113.06\ \text{MPa}$,$a_0 = 0.5\ \text{mm}$,$a_C = 3.01\ \text{mm}$。

将各参数代入上式,得到剩余疲劳寿命为

$$N_f = 3\,934.6\ \text{次}$$

若按每年使用 20 次,安全系数为 10,则寿命为

$$\frac{3\,934.6}{20\times10} = 19.6\ \text{年}$$

即结构在现有缺陷的情况下,要使用近 20 年才会发生破坏。

利用剩余寿命可靠性模型式(3.71),采用 Monte-Carlo 方法,经计算机模拟,得到 N_f 的频率直方图如图 6-12 所示。

用两参数威布尔分布拟合,模拟结果为 $\alpha = 35.789$,$\beta = 3\,970.218\,9$,相关系数为 0.979 6。即寿命 N_f 的累积分布函数为

$$F(N_f) = 1 - \exp\left[-\left(\frac{N_f}{3\,970.218\,9}\right)^{35.788}\right] \tag{6.72}$$

按一般压力容器可接受水平的可靠度(99.999%),得到其寿命 $N_f = 2\,878.2$ 次。按每年作战 20 次,安全系数为 10,则可靠度为 99.999% 的寿命为 14.3 年。

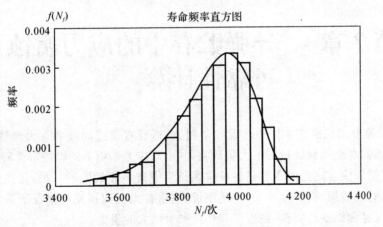

图 6 - 12　寿命 N_f 频率直方图

第7章 导弹贮存中的应力腐蚀及可靠性计算

金属腐蚀遍及国民经济和国防建设各个领域,造成直接或间接的重大经济损失,危害十分严重,因此人们对金属腐蚀进行了大量研究,其中对应力作用下的腐蚀行为研究比对其他腐蚀行为更给予了关注。这是由于它是各种腐蚀行为中破坏性最大的一种,往往会造成飞机失事、桥梁断裂、管道破损、锅炉爆炸等,且速度极快,常在无任何预兆的情况下突然造成灾难性的事故,危害人身和设备的安全,使生产和经济产生巨大的损失。

导弹在长期贮存过程中,会遇到渗水环境、温度环境和湿度环境等多种环境因素的影响,加之导弹制造及使用过程中产生的各种应力,使得导弹构件有可能产生应力腐蚀断裂。因此需要对导弹贮存中的应力腐蚀现象开展研究,并进行可靠性计算。

7.1 应力腐蚀

7.1.1 应力腐蚀定义与特点

应力腐蚀又称应力腐蚀开裂,是指材料在腐蚀和应力共同作用下产生的开裂。腐蚀和应力的作用是相互促进的,不是简单地叠加。也就是说,不存在应力时,单纯的腐蚀作用不会产生这类开裂;不存在腐蚀时,单纯的应力作用也不会产生这类开裂。

应力腐蚀有下述特征:

(1)产生应力腐蚀开裂必须同时具备三项条件:特定的环境、特定的合金成分以及足够大的应力。

(2)多数产生应力腐蚀的合金表面都容易产生钝化膜或保护膜。这类膜的厚度由一个或几个原子层直到较厚的可见膜,腐蚀局限在微小的局部。

(3)体系的电化学状态有重要影响。有些体系存在一个临界开裂电位(E_c),当 $E > E_c$ 时,发生应力腐蚀,相反,则不发生。

(4)拉应力能引起应力腐蚀,压应力较小时会阻止或延缓应力腐蚀。但压应力过大时,也会引起应力腐蚀。

(5)有些体系存在一临界开裂应力 σ_{th},临界应力强度因子 K_{ISCC} 或临界应变率范围 $\dot{\varepsilon}_c$。当 $\sigma > \sigma_{th}$,$K_1 > K_{ISCC}$ 或 $\dot{\varepsilon}$ 在 $\dot{\varepsilon}_c$ 范围之内时,体系发生应力腐蚀开裂。

(6)发生应力腐蚀的材料主要是合金,纯金属极少发生。

(7)合金结构的影响,如面心立方的奥氏体不锈钢在氯化物溶液中很容易产生应力腐蚀,但体心立方的铁素体不锈钢则对上述环境的抵抗力要强得多。

(8)应力腐蚀开裂断口呈现脆性断裂形貌。形态有晶间型、穿晶型和混合型。

7.1.2　应力腐蚀的影响因素

1. 应力

引起应力腐蚀开裂的往往是拉应力,这种拉应力的来源可包含以下几方面:

(1)工作状态下构件所承受的外加载荷形成的抗应力;

(2)加工、制造、热处理引起的内应力;

(3)装配、安装形成的内应力;

(4)温差引起的热应力。

裂纹内因腐蚀产物的体积效应造成的楔入作用也能产生裂纹扩展所需要的应力。

2. 介质

一般认为纯金属不易发生应力腐蚀开裂,合金比纯金属更易发生应力腐蚀开裂。表 7-1 列出了不同金属应力腐蚀开裂的环境介质体系,介质有如下特点:金属或合金可形成纯化膜, 但介质中包含有破坏纯化膜完整性的离子存在。

表 7-1　不同金属对应的腐蚀介质

合　金	腐蚀介质
碳钢和低合金钢	NaOH 溶液,含有硝酸根、碳酸跟、硫化氢水溶液,海水、海洋大气和工业大气,硫酸-硝酸混合液,$FeCl_3$ 溶液,湿的 $CO-CO_2$,空气
高强度钢	蒸馏水,湿大气,氯化物溶液,硫化氢
奥氏体不锈钢	高温碱液,高温高压含氧纯水,氯化物水溶液,海水,浓缩锅炉水,水蒸气(260℃),湿润空气(湿度 90%),硫化氢水溶液,$NaCl-H_2O_2$ 水溶液,二氯乙烯等
铜合金	NH_3 蒸气,氨溶液,汞盐溶液,含 SO_2 的大气,$FeCl_3$,硝酸溶液
钛合金	发烟硝酸,海水,盐酸,含 Cl^-、Br^-、I^- 的水溶液,甲醇,三氯乙烯,CCl_4,氟利昂
铝合金	NaCl 水溶液,海水,水蒸气,含二氧化硫的大气,含 Br^-、I^- 的水溶液,汞

介质中的有害物质浓度往往很低,如大气中微量的 H_2S 和 NH_3 可分别引起钢和铜合金的应力腐蚀开裂。空气中少量的 NH_3 是鼻子嗅不到的,却能引起黄铜的氨脆。19 世纪下半叶, 英军在印度生产的弹壳每到雨季就会发生破裂。由于不了解真正的原因,当时给了个不恰当的名字叫"季脆"(原因是黄铜弹壳残余应力加上印度大气中含有微量 NH_3)。再如奥氏体不锈钢在含有 10^{-6} 数量级氯离子的高纯水中就会出现应力腐蚀开裂。再如低碳钢在硝酸盐溶液中的"硝脆",碳钢在强碱溶液中的"碱脆"都是给定材料和特定环境介质结合后发生的破坏。氯离子能引起不锈钢的应力腐蚀开裂,而硝酸根离子对不锈钢不起作用;反之,硝酸根离子能引起低碳钢的应力腐蚀开裂,而氯离子对低碳钢不起作用。

7.1.3　应力腐蚀开裂过程

在一定的腐蚀环境和不同的应力水平下,金属承受的应力与断裂时间的关系可以用曲线描述。经典的应力腐蚀试验是在恒载荷拉伸试验机上进行的。试验时采用光滑试样,通过杠杆原理给试样施加恒定的载荷,在试样表面产生拉应力。从加载到试样断裂所经历的时间,定义为该试样的断裂时间。每个试样的试验结果对应平面上的一个点。在不同应力幅值下试验一组试样,可以得到一组点,这就是经典的应力腐蚀开裂的应力-时间曲线。一般来说,金属承受恒定应力愈大,则断裂时所经历的时间愈短;反之时间愈长。当应力低于某值时,试样经历无限长时间也不会发生应力腐蚀,此应力称为材料的应力腐蚀门槛值,即曲线水平部分所对应的应力。如果采用裂纹体试样进行应力腐蚀试验,将不产生应力腐蚀开裂的最大应力强度,称为应力腐蚀的临界应力强度因子。

应力腐蚀开裂属于低应力脆断,是材料在恒定的拉应力和环境共同作用下经过一段时间后,在试件表面形成裂纹,当裂纹扩展到临界尺寸时,发生失稳断裂的过程。因此,应力腐蚀的开裂过程可分为三个阶段,即裂纹萌生、裂纹扩展到室温断裂。

绝大多数的材料和特定环境组成的应力腐蚀体系,具有明显的钝化现象,在材料表面形成钝化膜。在一定的电化学电位条件下,材料表面钝化膜可通过离子迁移、机械破坏或竞争吸附导致材料表现的钝化膜破裂,在材料表面产生点腐蚀。腐蚀坑形成后,破坏了试样表面的几何连续性,从而在腐蚀坑底部产生应力集中。虽然试样所承受的名义应力比较低,但由于应力集中腐蚀坑底部应力远超过材料的屈服强度,材料发生局部的塑性变形,即腐蚀坑底部形成滑移台阶,这些滑移台阶作为阳极,加速腐蚀,在应力和阳极溶解的共同作用下,导致裂纹的萌生。裂纹的萌生期包括膜的破裂、点腐蚀的发展和材料的开裂,裂纹的萌生期往往很长,短则几天,长则数年。

裂纹从腐蚀坑萌生后,在应力和阳极溶解的共同作用下进行亚稳定扩展。裂纹的扩展方向总体是与外加拉应力垂直,但存在很多的分叉现象,即多裂纹扩展。黄铜开裂后,裂纹沿晶扩展,在主裂纹的侧面形成一些侧裂纹。不锈钢的裂纹萌生后,裂纹穿晶扩展,呈现更多的裂纹分叉。

当裂纹扩展到试样的临界裂纹长度时,裂纹发生失稳扩展,试样断裂,这个过程和静断裂相似。

7.1.4 应力腐蚀开裂机理

导弹经常在湿度较高的环境中贮存(如地下井和坑道内),零部件经常受到各种腐蚀,严重时将发生腐蚀破坏或断裂。通常把在承载条件下的材料或构件,由于介质集中性腐蚀而导致的断裂,称为"应力腐蚀断裂",又由于应力腐蚀表现为构件在远低于材料的屈服极限的载荷下的延迟破坏,也常叫作"静疲劳"。

铝合金和其他金属合金一样,没有一种应力腐蚀理论能够全面解释它在各种溶液中的应力腐蚀现象。目前,学术界公认的铝合金应力腐蚀理论有以下几种。

1. 活性通道理论

该理论认为,在金属或合金中有一条易于腐蚀的基本上是连续的通道,沿着这条活性通道优先发生阳极溶解。活性通道可以是晶界、亚晶界或由于塑性变形引起的阳极区等。电化学腐蚀就沿着这条通道进行,形成很窄的裂缝裂纹,而外加应力使裂纹尖端发生应力集中,引起表面膜破裂,裸露的金属成为新的阳极,而裂纹两侧仍有保护膜为阴极,电解质靠毛细作用渗入到裂纹尖端,使其在高电流密度下加速裂尖阳极溶解。该理论强调了在拉应力作用下保护膜的破裂与电化学活化溶解的联合作用。

2. 快速溶解理论

该理论认为活性通道可能预先是不存在的,而是合金表面的点蚀坑、沟等缺陷由于应力集中形成裂纹;裂纹一旦形成,其尖端的应力集中很大,足以使其尖端发生塑性变形成一个塑性区,该塑性区具有很大的溶解速度。这种理论适用于自钝化金属,由于裂纹两侧钝化膜存在,更显示裂纹尖端的快速溶解。随着裂纹向前发展,裂纹两侧的金属重新发生钝化(再钝化)。只有当裂纹中钝化膜的破裂和再钝化过程处于某种同步条件下才能使裂纹向前发展,如果钝化太快就不会产生裂纹进一步腐蚀,若再钝化太慢,裂纹尖端将变圆,形成活性较低的蚀孔,如图 7-1 所示。

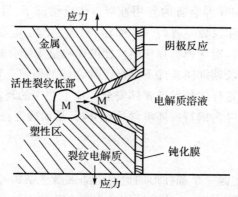

图 7-1　快速溶解理论示意图

3. 膜破裂理论

该理论认为金属表面有一层保护膜(吸附膜、氧化膜、腐蚀产物膜),在应力作用下,被露头的滑移台阶撕破,使表面膜发生破裂(见图 7-2(b)),局部暴露出活性裸金属,发生阳极溶解,形成裂纹(见图 7-2(c)),同时外部保护膜得到修补。对于自钝化金属裂纹两侧金属发生再钝化,这种再钝化一方面使裂纹扩展减慢,一方面阻止裂纹向横向发展,只有在应力作用下才能向前发展。

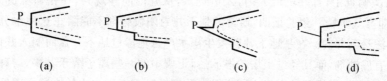

(a)　　　　(b)　　　　(c)　　　　(d)

图 7-2　滑移-溶解理论示意图

4. 闭塞电池理论

该理论是在活性通道理论的基础上发展起来的。腐蚀先沿着这些活性通道进行,应力的作用在于将裂纹拉开,以免被腐蚀产物堵塞。但是闭塞电池理论认为,由于裂纹内出现闭塞电池而使腐蚀加速(这类似于缝隙腐蚀),即在裂纹内金属要发生水解反应:$FeCl_2 + 2H_2O \rightarrow Fe(OH)_2 + 2HCl$,使 pH 值下降,甚至可能产生氢,外部氢扩散到金属内部引起脆化。闭塞电池作用是一个自催化腐蚀过程,在拉应力作用下使裂纹不断扩展直至断裂。

5. 吸氢变脆理论

该理论是从一些塑性很好的合金在发生应力腐蚀开裂时具有脆性断裂的特征提出的(变脆由氢引起)。该理论认为裂纹的形成与发展主要与裂纹尖端氢被引入晶格有关,如奥氏体不锈钢在裂纹尖端,Cr 阳极氧化生成 Cr_2O_3 使其酸度增大:$2Cr + 3H_2O \rightarrow Cr_2O_3 + 6H^+ + 6e^-$。当裂纹尖端的电位比氢的平衡电位低时,氢离子有可能在裂纹尖端被还原,变成吸附的氢原子,并向金属内部扩展,从而形成氢脆。

7.2 导弹贮存环境及腐蚀分析

7.2.1 导弹贮存环境

导弹贮存环境直接影响导弹装备的使用性能。传统情况下,导弹贮存会受到温湿度、运输、操作使用、电磁环境、动用次数及时间、盐、油污、霉菌、振动、尘埃等外界环境因素的影响。这些环境因素往往是并存的,对导弹贮存使用性能的影响呈现综合效应。如今,为了提高液体导弹的机动性能,需要开展长期加注条件下导弹贮存性能的研究。加注后的液体导弹一般应在导弹地下井中竖直存放,这样才能保证弹体安全。地下井中的环境与一般导弹仓库内的环境又有所区别,以下对地下井内的特有环境做重点分析,从而确定长期加注条件下某型导弹贮存时的主要影响因素。

1. 渗水环境

一个导弹地下井基本上是一个圆柱形的地下钢筋混凝土结构,其他功能不同的坑道同样也是半圆形的地下钢筋混凝土结构。这个结构被含有水分的石块包围着,水分从井壁不断渗入到井内,使井壁变湿,严重的地方甚至沿着井壁滴水。潮湿的井壁蒸发或挥发成水气,从而导致高湿度环境。

水分还可以被温度高、湿度大的空气带入井内,这种情况在我国南方地区尤为常见。当井内外的温度较高时,高温的空气所含的水分也就很多。随着人员的不断出入或者从门缝、井盖缝,这种含水量高的空气就会进入地下井,而井内温度一般较井外低,随着温度的降低,空气的含水量很快就达到饱和状态,并把多于饱和度的含水量在地面设备表面或井壁上凝结出来,形成水膜。在某次调查中,打开坑道大门,人员进入,从井内向外观察,在相邻坑道大门的坑道间内,短时间内即雾气腾腾。经验证明,通常的地下井封闭设施都不能阻止这种水分的进入,雨水和融雪同样可渗透到井内。在某地下井曾发生雨水严重地渗过地下井盖而滴入井内的事故。这样的水中常含有腐蚀剂,而且经过土壤的淋滤后,土壤中的一些离子溶于其中,含碱的总量增大,就会加速腐蚀,而酸性离子的随带渗入同样会恶化腐蚀环境。雨水中的腐蚀介质见表 7-2。

表 7-2 雨水中的腐蚀介质

腐蚀剂及来源	地 点	浓度/$(mg \cdot L^{-1})$
Cl^- 源于海水	海上及沿海地带距离海岸 500 km 或 500 km 以外	平均值为 $2 \sim 20$,强风时可达 100;平均值为 $0.1 \sim 0.2$,有时高于 1.0
SO_4^{2-} 主要来源于工业区	大城市工业区;其他地区	平均值为 $10 \sim 50$,在恶劣气候如有雾的情况下将偏高 $1 \sim 5$
NO_3^-	陆地	$0.5 \sim 5$
氢化物	陆地	平均值近似等于 5,在工业中心可降至 3

我国的导弹地下井绝大部分分布在崇山峻岭中,井中渗水成分受人为因素影响小,渗水基本呈现中性,略偏碱性,对腐蚀影响较大的 Cl^-, SO_4^{2-}, NO_3^- 的含量都很低。在一定范围内少量水的渗入是允许的,通过降湿系统可以保证地下井的环境。但大量水的渗入将使降湿系统失去作用,导致腐蚀的加速产生发展。

坑道内相对湿度的数据分析表明:地下井内的相对湿度平均值几乎没有低于 50％的,值得指出的是这些数据是在有降湿机的情况下,在地下井较深的部位测得的,而在临近井口处,在没有除湿设备的地下井中,湿度一般超过 80％,情况变化较大,尤其是在南方雨季,此部位的相对湿度经常超过 80％,达到 90％甚至 100％。

空气温度直接影响着空气的相对湿度,在温度范围为 20～30℃时,相对湿度随温度变化为温度每改变 1℃,相对湿度变化 6.5％。所以空气温度降低 5℃(如在夜间),相对空气湿度提高约 33％,这样往往导致装备表面结露。对于地下井口相近的部位由于受外界温、湿度变化影响较大,在此放置的装备常常结露。

长期加注条件下液体导弹贮存时必须将导弹竖直放在地下井中,这样一来,影响导弹外部环境的因素更加复杂,除湿机的工作效果有限,所以长期加注条件下液体导弹贮存时不能忽略外界温湿度变化的影响。

2. 大气环境

在常温常压下,大气的近似组成见表 7-3。

表 7-3　大气的主要成分

成　　分	密度/(g·m⁻³)	质量百分比/(％)
空气	1 172	100
氮	879	75
氧	269	23
水蒸气	8	0.7
二氧化碳	0.5	0.04
氩、氖、氦、氪、氙等	15.5	1.26

大气的主要成分实际上是不变的,然而,某种次要成分的改变往往会影响到它的腐蚀性质。这样,某一种大气中的腐蚀速度可以是在另一种大气中的若干倍。在大气中普遍存在的腐蚀成分是氧、二氧化碳、水蒸气等。氧的含量基本上是固定的,而且是大量的,它真正参与腐蚀反应;水蒸气即是空气的相对湿度,随着地理位置及季节的而变动;二氧化碳不是大量存在的,但是随气候的变化而有某些变化。

地下井中的大气除了具有以上的成分外,在局部空间还有其自身独有的成分。燃料释放出的蒸气、润滑油脂、橡胶缓慢地分解产生的少量碳氢化合物气体,还有井内其他一些附属设备产生的腐蚀性气体。一些液压油和液体推进剂从管路阀门、贮罐等处的泄露,尤其是氧化剂坑道,少量 N_2O_4 泄露,在相对湿度较大的空气中挥发稀释,将会改变地下井的局部腐蚀环境,加速腐蚀。

另外,一些有溶解能力的物体对于装备上应用的橡胶、塑料有削弱作用,除非这些材料经过选择对这类烟雾有足够的抵抗力。这样的烟雾对润滑油脂的作用也是值得考虑的,至少它能使润滑油脂的质量下降。在地下井内存放的其他一些物质的降解变质都将对地下井的局部大气环境有所改变,如油、灭火剂、防冻液、清洗液等。

7.2.2 导弹典型环境腐蚀分析

在长期贮存过程中,导弹贮箱会遇到渗水环境、温度环境和湿度环境等多种环境因素的影响。推进剂加注条件下的导弹贮存必须要竖直放置于地下井中,而井内潮湿的大气环境和贮箱内部的推进剂都有可能会对贮箱造成腐蚀影响。如果贮箱密封性不好,外部的水分进入贮箱内部,贮箱内部推进剂吸水后腐蚀性变强,会对贮箱产生更为严重的腐蚀作用。以下对长期加注条件下地下井内典型环境对贮箱材料的腐蚀影响进行分析。

1. 大气环境下铝合金的腐蚀

在导弹贮箱上使用的主要是 Al – Cu – Mg 系铝合金。Al – Cu – Mg 系铝合金具有高的抗腐蚀性能,与纯铝抗腐蚀性能相近。在干燥的大气中,Al – Cu – Mg 系铝合金表面会生成一层非晶态氧化铝的保护膜,使合金得到保护,其耐蚀性取决于氧化膜在各种介质中的稳定性,在中性和近似中性的水中以及一般大气中耐蚀性很好,而在潮湿大气环境中耐蚀性下降。通过分析可知,在潮湿的地下井中的铝合金表面存有一层电解液膜,若氧化膜有裂缝或孔隙,即可进行电化学腐蚀。

其阳极反应是铝形成铝离子进入电解液并放出电子的溶解过程,即

$$Al \rightarrow Al^{3+} + 3e^- \qquad (7.1)$$

阴极反应是结合阳极所放出的电子并和大气中溶入水膜的氧和水结成氢氧根离子的过程,即

$$O_2 + 2H_2O + 4e^- \rightarrow 4OH^- \qquad (7.2)$$

铝的阳极溶解过程是在氧化膜的裂缝和孔隙处进行的,其阴极过程则在铝表面上杂质暴露处或在由于氧化膜较薄而使电子可以渗透的地方进行。阳极溶解过程所产生的氢氧根离子结合成白色氢氧化铝沉淀,即

$$Al^{3+} + 3OH^- \rightarrow Al(OH)_3 \downarrow \qquad (7.3)$$

综合上述两个电极过程,有

$$4Al + 3O_2 + 6H_2O \rightarrow 4Al(OH)_3 \downarrow \qquad (7.4)$$

可见在水和氧的作用下,铝即产生腐蚀,同时中性的电解液膜中所含的其他离子,尤其是氯离子能破坏铝合金表面的氧化膜,大大降低其耐蚀性。在地下井地面装备使用的铝合金管道通过实地观测其耐腐蚀性是较高的,尚未发现普遍性的腐蚀,但发生多例穿壁而过的管道孔蚀的情况,这主要是由于这些地方平时进行维护时不到位,积累的灰尘、盐料及其他杂质过多,由于紧靠墙壁,较为潮湿,导致其表面电解液膜所含的电解液浓度高,满足了发生孔蚀的下述条件:

(1)含有能抑制全面腐蚀的离子,如 SO_4^{2-} 等;

(2)含有能局部破坏钝化膜的离子,如 Cl^-;

(3)含有能促进阴极反应的养护剂,如氧等。

在加注操作时由于垫圈老化等原因,有可能泄露出少量的 N_2O_4。由于其容易挥发,在潮湿的空气中遇水而成为硝酸结露于装备表面,其水膜将是稀硝酸溶液。这种情况下的酸溶液,

使得铝合金表面氧化膜被溶解,发生的将是氢去极化腐蚀。

2. N_2O_4 环境下铝合金的腐蚀

N_2O_4 是一种红棕色液体,在常温下冒红棕色的烟,具有强烈的刺激性臭味。纯 N_2O_4 实际上是无色的,由于在常温下 N_2O_4 部分分解为 NO_2,故 N_2O_4 实际上是二者的平衡混合物。

$$2NO_2 \Leftrightarrow N_2O_4 + 58.16 \text{ kJ} \tag{7.5}$$

温度升高时,NO_2 含量增高,蒸气压也随之升高;温度降低时,二氧化氮含量减少;达到冰点时,NO_2 完全变为 N_2O_4 无色透明晶体。硝酸、硝酸-27S、N_2O_4 的物理性质比较见表 7-4。

表 7-4　不同氧化剂之间的性质比较

名　称	硝酸	硝酸-27S	N_2O_4
分子量	63.02	66.14	92.016
冰点/℃	−41.6	−55.6	−12.2
沸点/℃	82.6	46	21.15
密度/(g·m^{-3})（20℃下）	1.513	1.605	1.446
黏度/cp（20℃下）	0.964	2.09	0.418 9
饱和蒸气压/MPa（20℃下）	0.006 4	0.028	0.096
熔化热/(J·g^{-1})	2 503		3 502

N_2O_4 与水作用生成不稳定的亚硝酸,进而分解成硝酸,反应式如下:

$$N_2O_4 + H_2O \rightarrow HNO_3 + HNO_2 \tag{7.6}$$

$$3HNO_2 \rightarrow HNO_3 + 2NO + H_2O \tag{7.7}$$

$$2NO + O_2 \rightarrow 2NO_2 \uparrow \tag{7.8}$$

液体导弹所使用的氧化剂 N_2O_4(出厂性能见表 7-5)是强氧化剂,它本身不会对金属产生腐蚀,但吸水后产生的硝酸对金属的作用既有化学腐蚀又有电化学腐蚀。它与大多数金属都能发生如下反应:

$$M + 2nHNO_3 \rightarrow M(NO_3)_n + nH_2O + nNO_2 \tag{7.9}$$

式中,M 代表金属,n 代表金属氧化状态时的价数。硝酸和铝发生的反应如下:

$$Al + 6HNO_3 \rightarrow 3NO_2 + 3H_2O + Al(NO_3)_3 \tag{7.10}$$

表 7-5　N_2O_4 出厂性能

技术规格	四氧化二氮	
指标	出厂	军用
N_2O_4 含量/(%)(质量)	≥99	≥98
水分含量/(%)(质量)	≤0.15	≤0.4
杂质含量/(%)(质量)	余量	余量

能够与 N_2O_4 相容的有不锈钢、铝合金、铂等材料。在导弹地下井加注系统尤其是在氧化剂硝酸坑道中,使用铝合金主要是考虑到硝酸是氧化性酸,铝合金表面易钝化,生成的钝化膜具有较好的耐蚀性。合格的 N_2O_4 对不锈钢和铝合金的腐蚀速度都很小,但随着含水量的增加,腐蚀速度将大大增加,对铝合金的气相腐蚀速率增大。当水含量增加到一定值时(水含量达 $40\%\sim70\%$)会使原来相容的金属材料受到严重腐蚀。在使用过程中,在加注、排泄氧化剂后,有少量 N_2O_4 必然残留在管道内部,排泄后流水的清洗不净、加注后潮湿空气的侵入,都将使管道处于不同浓度的硝酸腐蚀环境下。N_2O_4 在地下坑道贮罐贮存试验表明,其对贮罐的腐蚀率不大(贮存后残渣含量变化量不大于 0.01%),而管道腐蚀严重(管道内部残渣含量比贮罐残渣含量约大五倍),取样阀和球阀经常被堵或发生"黏死"现象。N_2O_4 的腐蚀作用均是其中的硝酸造成的。有试验证明,当硝酸浓度在 10% 以下或 80% 以上时,其腐蚀速度小于 $0.02~mm/$年,相对而言是耐蚀的。当硝酸浓度为 30% 时,其腐蚀速度最大,这是由于氢离子浓度增加,氢去极化腐蚀加剧的缘故。在硝酸的浓度超过 30% 以后,由于钝化而使腐蚀速度降低。但在非常浓的硝酸中,铝并不发生过钝化作用。

3. 偏二甲肼环境下铝合金的腐蚀

偏二甲肼也称为不对称二甲基肼,其分子式为 $(CH_3)_2NNH_2$。它是一种易燃,具有类似于氨的强烈鱼腥味的无色透明有毒液体,易挥发,具有吸湿性。偏二甲肼是极性物质,但因为分子不仅含有极性基团($-NNH_2$)而且有非极性基团(CH_3-),因此在常温下既能与极性液体,如水、肼、乙醇和二乙烯三胺等互溶,又能与非极性液体,如汽油及大多数石油产品等互溶。

偏二甲肼是一种弱碱性物质,它与水生成共轭酸和碱,与酸反应生成盐,与 CO_2 作用生成白色碳酸盐沉淀,其反应式如下:

$$2(CH_3)NNH_2+CO_2 \rightleftharpoons (CH_3)_2NNHCOOH \cdot H_2NN(CH_3)_2\downarrow \qquad (7.11)$$

若有水存在,则继续反应生成碳酸盐 $[(CH_3)_2NNH_3]_2CO_3\downarrow$,因此偏二甲肼长期暴露在空气中,会出现白色沉淀。

偏二甲肼是还原剂,其蒸气在室温下能被空气缓慢氧化,生成亚甲基二甲基肼 $CH_2=NN(CH_3)_2$、水和氮,反应式如下:

$$3(CH_3)_2NNH_2+2O_2 \rightleftharpoons 2(CH_3)_2NN=CH_2+4H_2O+N_2 \qquad (7.12)$$

另外还有少量的氨、二甲胺、亚硝基二甲胺、重氮甲烷、氧化亚氮、甲烷、二氧化碳、甲醛。因此偏二甲肼长期暴露于空气中,其蒸气被缓慢氧化,逐渐变成一种黄色的、黏度较大的液体。

偏二甲肼在空气中易被氧化和吸收水分,经转注、运输和长期贮存会引起质量的变化。为保证质量,必须制定出厂规格和军用规格。出厂规格要严于军用规格,因为出厂规格要考虑转注、运输、贮存等情况,规格见表 7 - 6。

偏二甲肼与金属材料的相容性,取决于偏二甲肼与金属发生相互作用的程度。由于偏二甲肼结构稳定并具有还原性,因而在气相氮气保护的条件下,偏二甲肼几乎与一切金属都有很好的相容性,但气相若为空气则因偏二甲肼液体中溶入一定量的氧气。某些金属,如铜在氧气氧化作用下加速了其离子与偏二甲肼的络合反应,从而表现处较差的相容性。铝及其合金、不锈钢与偏二甲肼亦具有很好的相容性,但由于碳钢易受空气腐蚀,在使用中受到限制。铜及其合金在密闭氮气保护下,有很好的相容性,在敞口容器中相容性较差,应避免使用。

当偏二甲肼中的水含量达到 10% 时,对两性金属铝、锌等造成严重腐蚀,因此对铝及其合金制造的箱体、容器、管道、设备等,应避免与偏二甲肼水溶液接触,用水清洗容器时应快速并进行干燥。

表 7 - 6　偏二甲肼出厂性能

项　目	出厂规格	军用规格
偏二甲肼含量/(%)(质量)	≥98	≥97
水含量/(%)(质量)	≤0.2	≤0.6
偏腙含量/(%)(质量)	≤1.5	≤2.5
机械杂质含量/(%)(质量)	≤0.01	≤0.01
密度/(10^6 g · m^{-3})(15℃)	0.793~0.796	0.792~0.798

7.3　导弹构件应力腐蚀可靠性计算

7.3.1　应力腐蚀断裂表征参数

我们现在研究的是带裂纹构件在腐蚀介质中的断裂情况,裂纹在静载荷和腐蚀介质的共同作用下时刻在缓慢地扩展着。

以中心裂纹板为例,若试件的起始半裂纹长为 a_i,试件承受均匀恒定的应力 σ。根据断裂力学分析,可以计算出裂纹尖端的起始应力强度因子 K_{Ii},试件加载后,在应力和环境介质的共同作用下发生应力腐蚀开裂扩展。经过时间 t_F,裂纹由 a_i 增长至 a_C。相应的应力强度因子由 K_{Ii} 增加至 K_{IC},这时试件将因为满足 $K_{Ii}=K_{IC}$ 条件而快速断裂。如果我们使半裂纹起始长度 a_0 不变,只将 σ 增加或减小,则得到不同的 K_{Ii} 值。显然,在试验中将经过不同的时间 t_F,使试件断裂。这样,我们就可以得到 K_{Ii}-t_F 曲线(见图 7-3)。大量试验表明,当 σ 减小,K_{Ii} 亦减小,至断裂的时间 t_F 就越长。但对这种环境介质来说,总存在一个 K_{Ii} 的极限值 K_{ISCC},当 $K_{Ii}<K_{ISCC}$ 时,断裂时间 t_F 就无限延长,使试件不致发生有腐蚀开裂而引起快速断裂。K_{ISCC} 就称为应力腐蚀开裂极限应力强度因子,或简称为应力腐蚀断裂韧性,其单位为 kg/$mm^{3/2}$。K_{ISCC} 相对空气中测定的 K_{IC} 的大小,可作为有宏观裂纹的材料在相应介质中应力腐蚀敏感性的一个指标,和 K_{IC} 一样,可以用于判断构件强度。各种材料在环境介质和载荷作用下,都存在着一个应力腐蚀断裂韧性 K_{ISCC}。应当说明的是,在 K_{Ii}-t_F 图上,K_{ISCC} 表现为 K_{Ii}-t_F 曲线的渐近线,在实际测量过程中,测量时间不能无限延长,所以对不同材料,应当根据 K_{Ii}-t_F 曲线的形状,规定一个合理的时间间隔或截止时间,使试件在规定的时间内,不出现任何腐蚀开裂而引起快速断裂。这样,K_{ISCC} 就不是 $t_F \to \infty$ 的极限值,而是 t_F 为规定截止时间的一个界限值。这个截止时间,通常对低合金高强度钢,选定为 100 h;而对高合金高强度钢(如马氏体时效钢),则选择为 500 ~ 1 000 h。

t_F 是断裂所需的时间,称为延续断裂时间,单位是 h。它无疑也是腐蚀断裂的一个重要参数。试验研究表明,对各种不同形式的试件,虽然 K_{ISCC} 值大体上是相同的,但达到 K_{IC} 值所需的延迟断裂时间 t_F 却各不相同。由图 7-4 可见,悬臂梁弯曲试验的时间最短。

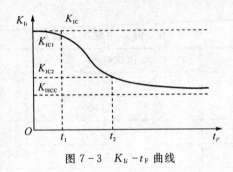

图 7 - 3 $K_{1i} - t_F$ 曲线

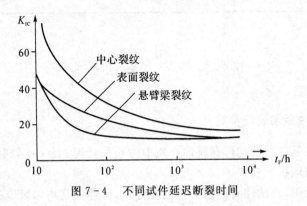

图 7 - 4 不同试件延迟断裂时间

为了求出延迟时间 t_F,首先要求用分析试验的方法得到腐蚀裂纹扩展速率 da/dt(单位是 $\mathrm{mm/h}$) 与应力强度因子等的关系:

$$\frac{da}{dt} = F$$

式中 a—— 裂纹长度;

t—— 试验时间;

F—— 取决于材料、介质和测试类型等的函数。

在一个典型试验中,如材料介质保持不变,只有应力强度因子 K_1 随裂纹长度单调地由某一初始 K_{1i} 增加到 K_{1C}(或 K_C) 时,$\dfrac{da}{dt}$ 将仅随 K_1 而变,应力强度因子随时间的变化可写为

$$\frac{dK_1}{dt} = \frac{dK_1}{da} \cdot \frac{da}{dt} = \frac{dK_1}{da} \cdot F \tag{7.13}$$

如果不计及裂纹源的成核孕育期,则由上式积分,即得试件的延迟断裂时间为

$$t_F = \int_0^{t_F} dt = \int_{K_{1i}}^{K_{1C}} \frac{dK_1}{\dfrac{dK_1}{da} \cdot F} \tag{7.14}$$

如果试件为一中心裂纹板,其应力强度因子 $K_1 = \sigma\sqrt{\pi a}$,则有

$$\frac{dK_1}{da} = \frac{1}{2}\sigma\sqrt{\pi}\,a^{-\frac{1}{2}} = \frac{\sigma\sqrt{\pi}}{2\sqrt{a}} = \frac{\sigma^2\sqrt{\pi}\sqrt{\pi}}{2\sigma\sqrt{\pi a}} = \frac{\pi\sigma^2}{2K_1} \tag{7.15}$$

代入式(7.14),得

$$t_F = \frac{2}{\pi\sigma^2} \int_{K_{1i}}^{K_{1C}} K_1 \frac{dK_1}{F} \tag{7.16}$$

由式(7.16)可看出,如果两个几何形状相似并有相同的 $K_{\text{I}i}$ 而尺寸不同的试件,则其有长裂纹的大试件的名义应力 $\sigma(\sigma = K_{\text{I}}\sqrt{\pi a})$ 较低,故 t_F 就越短。因大试件 $K_{\text{I}i}$ 越大,相应的 a_i 越大。此外,试验表明,K_{ISCC} 还随试件厚度减小而增高。因此不慎重地选择 t_F 以及忽视尺寸和几何形状的效应,都可能导致对 K_{ISCC} 的错误估计。因此,在设计上或使用中,依据试验室的数据去估算 t_F 时,需要特别慎重。

当已知材料的 K_{IC},K_{ISCC} 和 $\dfrac{da}{dt}$ 时,我们就可以用作图法或解析法来确定构件的介质腐蚀开裂裂纹长度和延迟时间。

图 7-5 示出了 4340 钢中心切口试件的两条 σ-a 曲线,它是在已知其 $\sigma_s = 150\ \text{kg/mm}^2$,$K_{\text{IC}} = 311\ \text{kg/mm}^{3/2}$,$K_{\text{ISCC}} = 62\ \text{kg/mm}^{3/2}$ 后,根据 $K_{\text{I}} = \sigma\sqrt{\pi a}$ 作出的。

由 K_{ISCC} 和 K_{IC} 两条曲线将 σ-a 图分成三个区域:K_{IC} 右方区域为材料在空气介质中的失稳断裂区;K_{IC} 和 K_{ISCC} 二曲线之间区域为介质开裂区;K_{ISCC} 曲线左方区域为介质中裂纹无扩展区。

如果实际构件的静应力水平为 σ_F(图 7-5 中水平虚线所示),则在空气中工作时,构件发生失稳断裂时的临界裂纹为 a_c;在湿空气或侵蚀性介质中工作时,构件发生介质腐蚀开裂的裂纹长度为 a_0;由 a_0 扩展至 a_c 经历的时间为 t_F。这就是说,如果构件在湿空气或侵蚀性介质中工作,并存在着大于 a_0 的初始裂纹,那么在静应力和介质的共同推动下,初始裂纹会缓缓地扩展,直至达到 a_c 时发生脆断。由 a_0 扩展至 a_c 所经历的时间,可根据材料 $\dfrac{da}{dt}$-K_{I} 的数据,用式(7.16)进行估算。

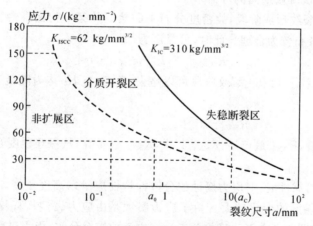

图 7-5　静载荷下裂纹扩展特性

应当指出,腐蚀介质中承受交变载荷的构件,其裂纹扩展特性与静载荷下介质开裂不完全相同。在静载荷下,裂纹只要满足 $a'_0 < a_0$ 的条件(见图 7-5)或满足 $K_{\text{I}} < K_{\text{ISCC}}$,裂纹就不再扩展。但在交变载荷下,上述条件是不存在的;即使交变载荷能满足 $K_{\max} < K_{\text{ISCC}}$,仍可能使裂纹扩展。在此情况下,就要按疲劳断裂的有关公式进行计算,这里不作介绍。

由于高强度材料在水及水溶液中的 $K_{\text{ISCC}} < K_{\text{IC}}$,而且在初始的 $K_{\text{I}} > K_{\text{ISCC}}$ 时的延续破坏时间又较短,因此在容器等构件进行水压试验中不能忽视这个因素,否则本来可以承受非腐蚀性燃料的容器壳体,因为水压试验考核而白白破坏了。盛有惰性气体的容器(承受内压)若在水中进行试验，则往往内压达不到惰性气体的使用压力就破坏了，原因就是在腐蚀介质水中产生的应力腐蚀断裂。

7.3.2　应力腐蚀可靠性计算

由于实际的应力腐蚀临界强度因子 K_{ISCC} 与实际的 K_{I} 均是随机变量，具体环境条件及材料特性也是随机变量，因此，与裂纹长度、应力水平有关的 $K_{\text{I}}(t)$ 在各个瞬时 t 均为随机变量。既然主要量都是随机变量，理论上讲，可以采用可靠性分析方法。

裂纹从形成后到扩展至限止裂纹的时间与从无裂纹到限止裂纹的时间相比，前者相对很小，则可以略去前一阶段的影响，即近似取裂纹形成时间为安全分析准则。这种近似是取向安全、偏保守的近似。此时计算应力腐蚀失效可靠性的公式为

$$R_{\text{SCC1}} = P(S_{\text{SCC}} - S_a > 0) = 1 - P_{\text{F}_{\text{SCC1}}}$$

多数情况下，可取 S_{SCC}（代表介质中出现裂纹的临界应力）与 S_a（构件所受作用力）近似为正态分布，此时按照可靠性二阶矩理论可得

$$P_{\text{F}_{\text{SCC1}}} = \Phi(-\beta)$$
$$R_{\text{SCC1}} = 1 - P_{\text{F}_{\text{SCC1}}}$$

$$\beta = \frac{\mu_{S_{\text{SCC}}} - \mu_s}{\sqrt{\sigma_s^2 + \sigma_s^2}}$$

如果必须考虑裂纹形成后发展至限止裂纹的工作时间，则安全的判定准则为从无裂纹到限止裂纹的工作时间 t_w 应大于要求寿命 t（若为不可修结构，则为整个使用寿命；若为可修理结构，则为到下一次维修期间的寿命）。

由于 t_w 中包含裂纹形成阶段，故密度分布中必然要从某一初始寿命算起，因此密度分布采用三参数威布尔分布较为合理。此时，可靠度为

$$R_{\text{SCC2}} = P(t_w - t^* > 0)$$

若裂纹从对应 K_{ISCC} 到限止裂纹阶段可以略去，K_{ISCC} 与 K_{I} 均为随机变量，视为服从正态分布，此时可靠度为

$$R_{\text{SCC3}} = P[K_{\text{ISCC}} - K_{\text{I}}(t^*) > 0]$$

从计算难易来看，R_{SCC1} 最容易，R_{SCC3} 其次，R_{SCC2} 较难算；从保守程度看，R_{SCC1}，R_{SCC3} 保守，R_{SCC2} 适中。

计算应力腐蚀可靠性时，对应力腐蚀的分散性特性应予以高度重视。因为应力腐蚀分散性的小变化会使可靠度的变化较大。由于应力腐蚀是由应力、材料、环境三大因素综合引起的，故其分散性应兼顾这三方面。目前关于这三方面的综合分布，尚无试验研究。表征应力腐蚀分散性的变异系数可通过如下方法获得：由使用测得外载变异系数，再考虑尺寸的分散性得到应力变异系数，再依据试验或实测，得到材料腐蚀变异系数与环境变异系数，然后令综合的应力腐蚀变异系数为

$$V_{\text{SCC}}^2 = V_{\text{M}}^2 + V_e^2$$

例 7.2　已知 4340 钢，其 $\sigma_s = 150 \text{ kg/mm}^2$，$K_{\text{IC}} = 311 \text{ kg/mm}^{3/2}$，$K_{\text{ISCC}} = 62 \text{ kg/mm}^{3/2}$。这种钢的构件上含有表面裂纹，当工作应力取 $\sigma = \dfrac{\sigma_s}{1.5}$ 时，试求：

（1）介质腐蚀开裂的裂纹深度；

（2）失稳断裂的临界裂纹深度。

解　利用表面裂纹公式，有

$$K_I^2 = \frac{1.2\pi\sigma^2 a}{\phi^2 - 0.212\left(\dfrac{\sigma}{\sigma_s}\right)^2}$$

对表面裂纹有 $\phi^2 \approx 1$，并把 $\sigma = \dfrac{150}{1.5} = 100 \text{ kg/mm}^2$ 代入上式，移项得

$$a = \frac{K_I^2}{4.1\times10^4}$$

在无腐蚀情况下，构件断裂裂纹长度为 a_C，相应的 K_I 到达 K_{IC}，故有

$$a_C = \frac{K_{IC}^2}{4.1\times10^4} = \frac{311^2}{4.1\times10^4} \approx 2.4 \text{ mm}$$

在有腐蚀情况下，构件裂纹达到应力腐蚀扩展，其初始裂纹长度为 a_{CS}，相应的 K_I 值为 K_{ISCC}，故有

$$a_{CS} = \frac{K_{ISCC}^2}{4.1\times10^4} = \frac{62^2}{4.1\times10^4} \approx 0.094 \text{ mm}$$

就是说，在腐蚀介质中，只要存在 0.094 mm 深的细微表面裂纹，就会在 $\sigma = 100 \text{ kg/mm}^2$ 的工作应力下逐步扩展，直到扩展至 2.4 mm 时，构件发生脆断。至于由 $a_{CS} \rightarrow a_C$ 的延迟断裂时间 t_F，则需要根据材料的 $\dfrac{da}{dt} - K_I$ 曲线才能算出。

例 7.3　某高强度铝合金构件，其随机变量 K_{ISCC} 服从正态分布，其参数为 $\mu_{K_{ISCC}} = 55 \text{ MPa} \cdot \sqrt{m}$，$V_{K_{ISCC}} = 0.05$；已知在其达到要求寿命时的 $K_I(t^*)$，（计及腐蚀影响）也可视作服从正态分布，其参数为 $\mu = 35.6$，$V = 0.12$，求 $P_{F_{SCC}}$。

解

$$\beta = \frac{\mu_{K_{ISCC}} - \mu}{\sqrt{\sigma_{K_{ISCC}}^2 + \sigma^2}} = \frac{\mu_{K_{ISCC}} - \mu}{\sqrt{(\mu_{K_{ISCC}} V_{K_{ISCC}})^2 + (\mu V)^2}} =$$

$$\frac{55 - 35.6}{\sqrt{(55\times0.05)^2 + (35.6\times0.12)^2}} = 3.82$$

$$P_{F_{SCC}} = \Phi(-\beta) = 6.67\times10^{-5}$$

例 7.4　一个铝合金构件，在腐蚀环境下工作，其要求寿命为 $t^* = 2\,000$ h，工作寿命随机变量 t_w 为三参数威布尔分布，其密度函数的形式为

$$f(t) = [m(t-r)^{m-1}/\alpha]\exp[-(t-r)^m/\alpha]$$

式中，$m = 3.5$，$\alpha = 4.56\times10^{13}$，$r = 1\,500$ h，求 $P_{F_{SCC}}$。

解　用数值法解得 $P_{F_{SCC}} = 6.03\times10^{-5}$。

$$R_n = \left[1 - \frac{\exp\left(\dfrac{t}{4\times10^5\times0.002}\right) - 1}{\exp\left(\dfrac{0.423}{0.002}\right) - 1}\right]^{10\,000}$$

经计算的可靠度及可靠寿命如下：

$$t = 10 \text{ h, } 100 \text{ h, } 200 \text{ h, } 300 \text{ h, } 500 \text{ h, } 800 \text{ h}$$

$$R_n(t) = 0.995\,7,\ 0.957\,6,\ 0.916\,0,\ 0.876\,9,\ 0.801\,1,\ 0.696\,4$$

第8章 导弹非金属材料老化及可靠性计算

8.1 导弹非金属材料老化

与金属材料不同,非金属材料本身在加工、储存和使用过程中由于对一些环境因素较为敏感而导致性能逐渐下降,即发生材料或构件的老化。

引起非金属材料老化的环境因素有物理因素(包括热、光、高能辐射和机械应力的作用)、化学因素(如氧、臭氧、水和酸、碱、油等的作用)和生物因素(如微生物和昆虫的作用)。在这些环境因素作用下,材料性能下降,例如有机玻璃发黄、发雾、出现银纹甚至龟裂;汽车轮胎和橡胶软管出现龟裂、变硬、变脆;油漆涂层失去光泽甚至粉化、龟裂、起泡和剥落;玻璃钢制品起毛、变色、强度下降。非金属材料在老化过程中性能下降的主要原因是分子链发生降解和交联反应。降解反应导致分子链断裂,即分子量下降,从而使材料变软、发黏甚至丧失机械强度;交联则往往使材料变脆或失去弹性。

8.1.1 导弹贮存中非金属材料老化

非金属材料尤其是高分子材料在长期贮存过程中,受环境因素的影响将引起物理性能、力学性能的不可逆变化,致使其失去工作能力。

为了说明导弹贮存中非金属零件性能变化情况,下面举一个实际贮存例子,以加深对非金属材料老化原理的理解。某种型号导弹的非金属零件在我国自然环境情况下进行了五年贮存,其贮存过程有仓库贮存、简易仓库贮存、野外高温贮存和低温贮存等,贮存中进行了测试记录,贮存后进行了典型试验,所贮存的零组件有橡胶件、润滑剂、玻璃钢、黏合剂、泡沫塑料、油漆涂层等共 30 多项。发现元件问题有陀螺电刷变形、计算装置电位计表面涂油老化变稠、电池小电流放电单边电压降低 1 V、紧急关机电缆高温涂层变稀。其他非金属件出现的问题见表 8-1。表中 ε 为老化时间内残余变形积累值。

表 8-1 导弹非金属材料贮存中出现的问题

名 称	贮存时间	物理化学性能	典型试验结果	备 注
某活门	4 年零 3 个月	残余变形 $\varepsilon_{内1}=77.6\%$ $\varepsilon_{内2}=77.37\%$	符合技术条件	经过野外低温贮存三个月
	5 年零 3 个月	$\varepsilon_{内1}=80.1\%$ $\varepsilon_{内2}=78.3\%$	常温漏气量不合格 介质试验是合格	经过野外低温贮存三个月
	5 年零 10 个月	$\varepsilon_{内1}=85.1\%$ $\varepsilon_{内2}=83.0\%$		
	8 年	$\varepsilon_{内1}=82.3\%$ $\varepsilon_{内2}=84.1\%$	都不合格	

续 表

名　　称	贮存时间	物理化学性能	典型试验结果	备　　注
某活门皮碗	4 年 10 个月	$\varepsilon_外$	符合要求	ε 的临界值为 75%
	6 年零 4 个月	$\varepsilon_外$	低温漏油 高温合格	经过野外 高温贮存
某垫片	5 年 4 零个月		1 个试件不合格	共 10 个试件
	6 年		4 个试件不合格	
	7 年 2 个月		6 个试件不合格	
某橡胶件	6 年 2 个月		合格	
	8 年		合格但 6 件中 4 件掉胶	
高温绝缘漆	5 年		变色,灰变褐色表面有发黏现象 有白色颗粒析出	
	7 年		边缘涂层与底漆间脱开	

8.1.2　影响材料老化的环境因素

引起导弹贮存中非金属材料老化的主要环境因素可以归纳为以下五类:水、温度、光、高能辐射和生物降解。

1. 水

水对非金属材料的老化作用包括化学作用和物理作用两方面。化学作用通常是指水引起非金属材料中分子的水解。例如尼龙中的酰胺基可被水解为羧基和胺基;聚酯中的酯基可被水解为羧基和羟基。如果容易水解的基团分布在高分子的主链上,则由于水解引起高分子链的断裂,对材料的性能影响很大;反之,如果容易水解的基团位于高分子链的侧链(基)中,则由于水解对高分子材料的平均分子量影响不大,所以对材料性能的影响比较小。水对高分子材料的物理作用包括以下几方面:①溶胀增塑作用,使材料刚度和强度下降。②脆化作用,使材料刚度和脆性提高。研究表明,在有些极性高分子材料的含水量超过某个临界值后,水分子在材料中的分布是不均匀的。在某些高分子链间的空穴中或极性基团周围密集地缔结水分子,可以像刚性填料一样使高分子材料的刚度和脆性增加。③在材料表面引入张应力,当高分子材料吸水后干燥时,失水过程中表面处于受张应力作用的状态。

2. 温度

从橡胶等材料长期在仓库条件下保管考虑,温度对高分子材料的影响是诸影响因素中较重要的影响因素,同时是具有普遍性的因素。橡胶的老化基本上有相同的反应机理,但因橡胶本身分子的结构不同,对温度影响的敏感性也有所不同。

表 8-2 列举的是不同温度对天然橡胶的硫化胶氧化反应的影响。从表中可以看出,温度减少 10℃,耐老化的时间增加 2.1~2.5 倍。

高分子聚合物的氧化是自动氧化机理的概念进行动力学处理,证明温度在 80~120℃之间时,当温度每提高 10℃,其反应速度增加 2.6 倍。橡胶老化时性能变化与温度之间的关系是很复杂的。一般认为在 20~130℃范围内,橡胶氧化与温度的关系为

$$K = Ae^{-\frac{E}{RT}}$$

(8.1)

式中　K——氧化速度；

　　　A——与温度无关的常数；

　　　R——气体常数；

　　　E——橡胶材料的活化能；

　　　T——绝对温度。

表 8-2　橡胶的老化温度与时间的关系

温度 /℃	老化连续时间 /h	吸氧率 /（%） （有橡皮重量计）	温度 /℃	老化连续时间 /h	吸氧率 /（%） （有橡皮重量计）
60	203.0	1.3	90	12.5	0.8
70	80.0	1.2	100	4.5	0.7
80	32.5	1.1	110	2.1	0.6

式（8.1）即为阿列尼乌斯公式，也是反应论失效物理模型的基本式。

在相同的胶料老化过程中，方程式中的活化能 E 为一常数。这样就能用此公式算出任意温度下的氧化速度。

常见的橡胶零件在动的情况下工作，老化很快、寿命很短，就是由于在动的工作情况下产生热能，热能使温度增加，从而加速氧化，导致老化加快。

橡胶密封件由于老化造成的密封失效，一般经历时间很久，特别是液体导弹密封件，其失效是在漫长的贮存中形成的。在导弹的实际设计和使用中，往往需要在很短的时间内知道某种密封件的寿命，这就只能用加速试验来获得其加速失效信息，然后外推估算得到常温贮存下的寿命信息。

3. 光

非金属材料在光的作用下发生的老化叫光老化。光是一种电磁波，当阳光通过大气层到达地面时，波长范围为 3~800 nm。不同波长的光具有不同的能量，其中波长为 300~400 nm 的近紫外光的能量为 300~400 kJ/mol，一般共价键断裂所需的能量为 160~420 kJ/mol，因此太阳光中的近紫外光可能引起以共价键为主的高分子物质的化学键断裂。不过，光要在高分子材料中引发反应，首先必须被高分子物质吸收。一些只含单键的高分子物质，如饱和聚烯烃及其衍生物，一般不吸收波长大于 300 nm 的光。按理来说，地球表面的紫外光不应引起这类物质的光老化，但由于这类高分子材料在合成、加工和贮存中往往与氧发生反应形成羰基、过氧化氢基或双键，加上某些添加剂和催化剂残留物也可能吸收紫外光，因此实际上这类高分子材料也会发生光老化。

非金属材料在光老化过程中，既可能发生降解反应，也可能发生交联反应。

4. 高能辐射

α, β, γ, X 射线，快中子、慢中子和离子辐射等均为高能辐射，高能辐射引起高分子物质的化学变化，有的以辐射降解为主，有的以辐射交联为主，见表 8-3。

5. 生物降解

在自然界中，微生物为生存和繁衍后代而需要能源，而能源正是通过对高分子的分解、氧化和消化得到的。一般地说，微生物对聚烯烃的作用甚微，但天然纤维、木材、丝、毛和天然橡胶等却是微生物的传统食粮。微生物主要通过破坏高分子主链及消化非金属材料中的增塑剂和其他添加剂而使材料老化。

表 8 - 3　高能辐射对高聚物反应的影响

降解型	交联型
聚甲基丙烯酸甲酯	聚乙烯
聚四氟乙烯	聚丙烯
聚异丁烯	聚苯乙烯
丁基橡胶	聚丙烯酸酯
聚硫橡胶	聚氯乙烯
	天然橡胶
	合成橡胶(除丁基橡胶外)
	酚醛树脂
	聚酯(涤纶)
	聚酰胺
	聚二甲基硅氧烷

对于一个具体的非金属材料制件来说,其老化失效不一定是某个单一因素造成的,而往往是多个因素,如热和氧、光和氧、湿与热或热光氧湿等共同作用的结果。具体作用因素取决于制件的工作环境。非金属材料老化的结果,主要不是在制件中形成局部缺陷,而是引起整个制件材料的性能下降,以致其丧失使用价值。一般地说,材料因老化而引起的性能下降速率比较缓慢,而且在很多情况下都是可以观察到的。因此,只要掌握构件老化的规律,及时更换老化失效制件,一般不至于造成灾难性事故。导弹非金属件的老化现象是普遍存在的,复合材料壳体的强度下降,推进剂衬层的脱胶,各种橡胶制品的变硬、变脆等都是由于制件老化引起的部分或完全失效。

8.2　基于反应论模型的加速老化试验及评估

8.2.1　用反应论模型进行加速老化试验

一、获得老化寿命的一般试验方法

获得老化寿命信息,目前国内外一般通过下述试验获得。

1. 进行模拟状态下的自然贮存试验

这种试验就是模拟非金属材料、零件在弹上所处的状态,按照导弹产品的贮存环境条件进行长期存放,每隔一定的周期,根据技术要求对其进行性能检验。这种试验多年来成为确定非金属材料、零件保险期的重要基础。此法优点是真实、可靠,但需时间长,不能满足生产之急需。虽然如此,国内、外仍采取这种不可缺少的试验办法。如美国进行了合成橡胶材料 10 年室内、外老化试验;苏联在其国土上三个气候带将橡胶材料进行野外棚下贮存达 10 年之久的试验;国内原三机部 621 所在全国气候点进行橡胶材料 10 年之久的自然存放试验;等等。

2. 模拟状态下的加速试验

这种试验是模拟非金属材料、零件在弹上所处的状态用强化环境因素的办法,如通过提高温度、湿度等来加速材料、零件的性能恶化,以达到缩短试验周期,从而获得保险期信息。

各类非金属材料、零件试验的具体措施有所不同,如润滑材料、油漆类需要有"对比物",即将由一定自然贮存信息的试样与同类型材料的加速试验结果对比,从而获得所需试验对象的保险期。橡胶、玻璃钢、塑料则是直接用试验对象进行加速试验,所获得的数据,选用经验公式进行数理统计外推来确定估计保险期,但亦需要自然贮存试验加以验证。

3.真实环境试验

这种试验优点是真实可靠,缺点是时间长、花费大。一般情况下是靠现场统计数据来代替真实试验。收集以往装备部队的产品在生产使用过程中所积累的信息,通过分析对比,为确定没有进行试验的材料、零件保险期的估算提供参考依据。

二、进行加速老化试验的一般方法

产品的性能由于物理化学反应而逐步退化,这种退化在正常条件下是相当慢的。设在原状态下,产品的物理化学特征量为 x,相应的产品的某质量指标为 $\varphi(x)$。以 K 表示物理化学反应的速度,则

$$\frac{\mathrm{d}x}{\mathrm{d}t} = K \tag{8.2}$$

设产品的该质量指标的失效判据为 $\psi(a)$,于是从 $t=0$ 开始到 $t=L$ 时,产品的物理化学特征量退化到 $x=a$,产品即失效,L 就是在物理化学反应下的产品的寿命。根据量子力学,有

$$K = \lambda(l-l_L)^v e^{-\frac{B}{T}} \tag{8.3}$$

式中 T—— 绝对温度;

  l—— 温度以外的应力。

当温度以外的应力不变时,式(8.3)即为阿列尼乌斯公式,亦即反应论失效物理模型,则

$$K = A e^{-\frac{\Delta E}{KT}} \tag{8.4}$$

式中 K——Boltzmann 常数;

  ΔE—— 激活能。

在应力与温度不变时,K 为常值,于是有

$$X = Kt + X_0 \tag{8.5}$$

式中,X_0 为初始值。当 $t=L$ 时,$x=a$,故 $a=KL+X_0$,即

$$L = \frac{a'}{K}, \quad a' = a - X_0 \tag{8.6}$$

将式(8.3)代入式(8.6)得

$$L = \frac{a'}{\lambda}(l-l_L)^{-v} e^{\frac{B}{T}} \tag{8.7}$$

把标准应力 l_0 及温度 T_0 下的寿命记为 L_0,则在应力 l、温度 T 下的寿命 L_0 和 L 之比

$$\tau = \frac{L_0}{L} = \left(\frac{l-l_L}{l_0-l_L}\right)^v e^{B(\frac{1}{T_0}-\frac{1}{T})} \tag{8.8}$$

称为寿命加速系数。

对寿命为的产品而言,如应力不变,则式(8.7)两边取对数,得

$$\ln L = A + \frac{B}{T}$$

式中,$B=\frac{\Delta E}{K}$,$A=\ln\left[\frac{a'}{\lambda}(l-l_L)^{-v}\right]$。所以,若以 $1/T$ 为横坐标,$\ln L$ 为纵坐标,则上式表示的是一直线。

对寿命为 L 的产品而言,若温度不变,而 l 变化,则式(8.7)取对数为

$$\ln L = A - v\ln(l - l_L)$$

一般地,$l_L = 0$,则式中 $A = \dfrac{B}{T} + \ln \dfrac{a'}{\lambda}$,所以如以 $\ln L$ 为纵坐标,则上式亦表示的是一条直线。

这样,只要适当选择加速试验的温度水平 T_1,T_2,T_3,使 $1/T_i$ 是等间隔的;或适当选择应力 l_i,使 l_i 成等比级数,$\ln l_i$ 就是等间隔的。根据试验得出的寿命数据 L_i,套用保险期公式,就可以外推到正常温度或应力下的保险期。

必须指出的是,影响保险期的物理化学(有时还有生物)因素往往不止一个,人们的认识可能不完全,可能漏掉一二项重要因素。还有如温度等难以太快加速,所以加速保险期必须与正常保险期试验结果进行对比。

8.2.2　橡胶密封件加速老化试验

橡胶密封材料随着导弹的贮存时间将发生老化,要知道橡胶密封材料、零件贮存多少时间以后还能保持其工作能力即贮存保险期,对导弹产品来说是有重要实际意义的。一方面制造导弹产品时,采用性能优良、质量较好的橡胶密封材料、零件以确保导弹产品有较长的保险期(寿命);另一方面对于预测导弹产品中所用的密封材料、零件寿命,以对交付部队的产品确定保险期时,提供依据也是很必要的。

以某型号导弹的主活门上的皮碗保险期加速试验为例,介绍一下保险期估算中反应论失效物理模型的应用。

1. 基本原理

前人所做工作表明,橡胶老化的主要因素是热和氧。而老化过程被认为是一个化学反应过程,因而有可能用提高温度的办法进行加速。一般认为 130℃ 以下,合成橡胶老化机理是一致的;同时证明橡胶零件的工作性能特性指标的下降,是以残余变形的积累来表现的,并在热老化过程中较为灵敏且成单调的动力学变化,可利用一定的试验公式给予描绘。从而用数理统计的方法,经过数据处理外推获得估算保险期。

2. 试验程序简述和试验结果

(1)皮碗形状、尺寸和模拟夹具(见图 8-1 和图 8-2)。

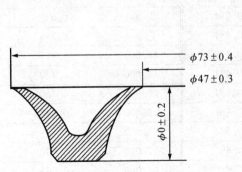

图 8-1　皮碗形状和尺寸(单位:mm)

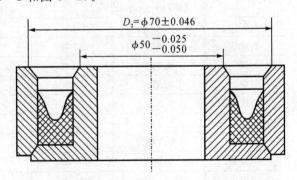

图 8-2　皮碗在模拟夹具中的装配状态(单位:mm)

(2)选取 60℃,70℃,80℃,90℃,100℃,110℃ 六个温度做加速老化温度(在热老化箱中进

行),每个温度以三个试件做平行试验,取其算术平均值为结果。

(3)每个老化温度下均分别按一定周期从热老化箱取出,在恒温箱中(30℃)停放 24 h,然后用工具显微镜测试样的残余变形累积(每周期都重复此手续),一般以老化速度较快的外径变形值计算。计算公式为

$$\varepsilon = \frac{D_0 - D_1}{D_0 - D_2} \times 100\% \tag{8.9}$$

式中　ε—— 老化时间 t 时残余变形积累百分数;

　　D_0—— 皮碗外径的初始值;

　　D_1—— 老化时间的外径值;

　　D_2—— 夹具内径值。

(4)皮碗快速老化以后工作性能鉴定是直接装配在合格的导弹主活门上,按验收技术条件的规定进行。经试验证明找出指标临界值为 $\varepsilon_{临界} = 85\%$。

(5)试验结果见表 8-4。

表 8-4　皮碗在各温度下残余变形累积数据

110℃		100℃		90℃	
老化时间/天	残余变形(外径)/mm	老化时间/天	残余变形(外径)/mm	老化时间/天	残余变形(外径)/mm
0.083	0.380	0.123	0.368	0.333	0.368
0.167	0.467	0.375	0.493	0.833	0.491
0.333	0.584	0.667	0.575	1.333	0.562
0.667	0.735	1.000	0.641	2.000	0.630
1.000	0.801	1.500	0.720	3.042	0.710
1.500	0.859	2.542	0.805	4.000	0.749
2.500	0.935	4.500	0.879	6.000	0.822
				8.000	0.868

80℃		70℃		60℃	
老化时间/天	残余变形(外径)/mm	老化时间/天	残余变形(外径)/mm	老化时间/天	残余变形(外径)/mm
1.000	0.385	1.000	0.294	4.000	0.325
2.000	0.486	2.000	0.381	7.000	0.385
3.000	0.551	4.000	0.439	10.000	0.417
4.042	0.575	6.000	0.491	15.000	0.472
6.000	0.649	8.000	0.534	20.000	0.500
8.167	0.714	11.000	0.582	26.000	0.542
11.000	0.748	15.000	0.634	35.000	0.597
15.000	0.807	20.000	0.684	47.000	0.631
19.000	0.839	26.000	0.719	62.000	0.661
		36.000	0.782	81.000	0.703
		64.000	0.869		

3.试验数据处理

不同老化温度下残余变形积累动力学过程如图 8-3 所示。

根据动力学曲线特征,选择下列经验公式来描述其动力学过程:

$$\varepsilon = Kt^b \tag{8.10}$$

式中　t—— 老化时间积累(天);

　　K—— 残余变形积累过程的速度常数;

　　b—— 常数,与橡胶材料耐老化性能有关。

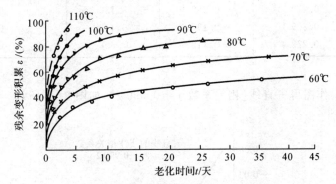

图 8-3　皮碗的残余变形积累动力学曲线

将动力学曲线直线化,式(8.10)两边取对数,得

$$\lg\varepsilon = \lg K + b\lg t \tag{8.11}$$

以 $\lg\varepsilon$ 对 $\lg t$ 作图,得到一组近似平行的直线,如图 8-4 所示。

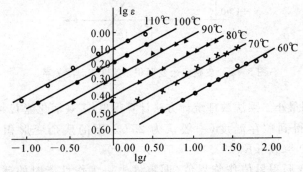

图 8-4　皮碗的残余变形积累动力学曲线直线化

根据式(8.11)用最小二乘法数理统计方法计算各老化温度下的 b 值和 K 值及每条直线的相关系数 γ,计算结果列于表 8-5。

根据橡胶热老化速率与温度关系服从阿列尼乌斯方程,即

$$K = A \cdot e^{-E/RT} \tag{8.12}$$

式中　A—— 常数;

　　E—— 表观活化能;

　　R—— 气体常数;

　　T—— 绝对温度 K。

将式(8.12)两边取对数得

$$\lg K = \lg A - \frac{E}{2.303R} \cdot \frac{1}{T} \qquad (8.13)$$

表 8−5   用统计方法计算得到的值和 K 值及相关系数 γ

温度 /℃	b	lg K 值	K×10	相关系数 γ
60	0.259 5	− 0.646 0	2.259	0.997 3
70	0.259 9	− 0.517 2	3.040	0.996 8
80	0.261 7	− 0.400 3	3.979	0.995 4
90	0.270 5	− 0.289 4	5.136	0.996 8
100	0.269 1	− 0.192 6	6.413	0.999 9
110	0.273 4	− 0.113 6	7.698	0.992 5

以 $\lg K$ 对 $1/T$ 作图得一直线(相关系数 $\gamma = 0.999\ 2$),如图 8−5 所示。

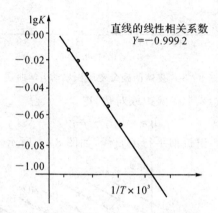

图 8−5   皮碗残余变形积累速度与温度关系

根据式(8.13)用最小二乘法数理统计方法计算得出:表观活化能 $E = 6.26\ \text{kJ/mol}$,$\lg A = 3.471\ 8$。由此外推得到贮存温度(一般认为 25℃)下的残余变形积累过程的速度常数 $\lg K(25℃) = -1.120\ 8$(或 $\lg K(25℃) = 7\ 575 \times 10^{-2}$)。

取 85% 的残余变形积累值作临界值(即零件失去工作性能时的残余变形值),则由式(8.11)可计算出贮存保险期:

$$\lg K(25℃) = \lg t = \frac{\lg \varepsilon_{临界} - \lg K(25℃)}{b} = 3.952\ 8$$

即 $t(25℃) = 8\ 966$ 天 ≈ 24.58 年。

考虑加速方法本身的误差和试验误差选取 0.5 为安全系数,则估计保险期为 12.3 年。

4.讨论

(1)加速热老化,所得出的各温度下残余应力积累的动力学曲线特征与自然长期贮存试验所得到的结果基本一致。图 8−6 所示是自然贮存试验的动力学曲线(其试验数据见表 8−6),采用经验公式 $\varepsilon = Kt^b$ 来描绘其动力学过程,从结果和数据处理过程看,基本是吻合的。

(2)用数理统计方法外推计算出的保险期结果(取 0.5 安全系数后)与自然贮存试验结果

比较也基本近似。

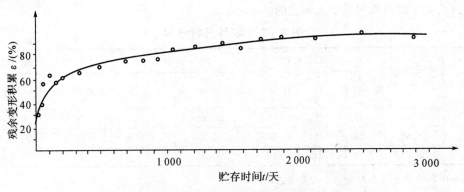

图 8-6　皮碗自然贮存残余变形积累数据

表 8-6　皮碗自然贮存残余变形积累数据

测试日期 （年.月.日）	积累时间 天	残余变形 ε（外径） （%）	残余变形 ε（内径） （%）	备　　注
1965.12.15	0	0	0	开始贮存
1966.2.5	52	48.61	37.58	
1966.3.14	88	54.75	44.50	
1966.5.11	145	49.82	46.39	
1966.6.14	178	51.21	42.65	
1966.8.1	225	50.01	46.98	
1966.11.14	329	56.93	48.15	
1967.4.3	468	60.68	51.02	
1967.7.5	560	56.82	52.78	
1967.11.6	683	65.51	54.53	
1968.4.2	829	65.38	59.21	
1968.7.1	929	65.82	58.24	
1968.10.25	1 031	71.88	64.30	
1969.4.24	1 212	77.35	67.30	
1969.12.17	1 449	74.30	66.90	
1970.4.13	1 563	71.64	66.30	
1970.9.24	1 726	75.79	65.87	
1971.3.16	1 898	76.60	58.50	
1971.11.5	2 131	75.70	67.10	
1972.11.8	2 498	77.80	67.20	
1973.11.5	2 858	75.30	67.30	结束贮存

（3）本试验取 0.5 为安全系数，从数理统计的角度认为也是合理的。从表 8-7 的统计分析

结果可看出,当置信度为99%时,极小寿命相当于平均寿命采用了0.487为安全系数。因此,取0.5为安全系数的处理是令人满意的。

表 8 – 7　统计分析结果

ε/(%)	平均寿命年	95%的置信度		98%的置信度		99%的置信度	
		极小寿命/年	比值	极小寿命/年	比值	极小寿命/年	比值
80	19.56	12.67	0.648	10.88	0.556	9.52	0.487
85	24.58	15.92	0.648	13.67	0.556	11.96	0.487
90	30.47	19.74	0.846	16.95	0.556	14.83	0.487

注:表中的比值是极小寿命与平均寿命之比。

8.3　固体推进剂贮存可靠寿命预测

固体药柱随着贮存时间的延长将发生老化,老化造成多种理化性能下降,最主要的是造成模量、收缩率和强度等性能的降低。本节采用 Monte-Carlo 统计模拟方法对火箭发动机固体推进剂随环境温度变化的力学性能进行了分析,提出了力学性能的可靠寿命仿真计算的方法,并对延伸率的老化可靠寿命进行了计算。

8.3.1　参量的随机性分析

影响药柱贮存后力学性能下降的主要环境因素是温度,一般有如下半经验公式:

$$K(T) = A e^{-\frac{B}{T}} \tag{8.14}$$

$$E(t) = E_0 [1 - K(T) \lg t] \tag{8.15}$$

式中　$K(T)$——绝对温度 T 下的老化速率;

　　$E_0 , E(t)$——力学性能的初始值和时间 t 时的现状值,这里所指的力学性能可以是模量、收缩率和强度;

　　A , B——材料常数,不同力学性能对应不同的 A , B 值。

实际情况下,式(8.14)中的 A , B 值是用材料试验获得的。试验过程中,各次取得的 A , B 值都不会相同,各次试验值可能大一点也可能小一点,是随机出现的,因此是随机变量。随机变量只能用概率分布表达才合理。一般来说,这种靠试验统计的数值常取为正态分布。它们的均值均方差分别记为 $\mu_A , \mu_B , \sigma_A , \sigma_B$。在通常计算中把 A , B 看作常数来对待,只是采用它们的均值 μ_A , μ_B 而已。作为仿真计算,应把 A , B 看作随机变量。

式(8.15)中的 E_0 是力学性能的初始值。测量一批固体药柱的 E_0 值,有的可能大一些,有的可能小一些。因此,作为一批药柱来说 E_0 值也是随机值,应把 E_0 看作随机变量才合理。而且,这种从大量样本中测量得到的 E_0 值符合中心极限定理。因此 E_0 为正态分布,其均值、方差记为 μ_B , σ_B。

式(8.14)中的温度服从如下模型:在某个地域贮存或装备部队的导弹,每天出现的温度值也是随机出现的,而且根据平稳随机过程理论推导,其概率分布服从瑞利(Rayleigh)分布,

温度一年四季的变化如图 8-7 所示。若以早晨 6 点为起点，其表达式为

$$T = T_s + A_d \sin \frac{2\pi(t-6)}{24} \tag{8.16}$$

式中　T_s——季温度值；

　　　A_d——日温度的平均振幅值；

　　　t——时间，h。

其概率密度函数为

$$f(T) = \frac{T}{\sigma^2} \exp\left[-\frac{1}{2}(T/\sigma)^2\right] \tag{8.17}$$

式中，σ 为以高斯过程为基准的日温度变化的均方差。

季温度 T_s 的变化为

$$T_s = \mu_y + A_s \sin \frac{2\pi t}{24 \times 360} \tag{8.18}$$

式中　μ_y——年平均温度值；

　　　A_s——季温度的平均幅值。

季温度 T_s 也是随机的，并且也符合瑞利分布，其概率密度函数为

$$f(T_s) = \frac{T_s}{\sigma_s^2} \exp\left[-\frac{1}{2}\left(\frac{T_s}{\sigma_s}\right)^3\right] \tag{8.19}$$

式中，σ_s 为以高斯过程为基准的季温度均方差。

对式（8.14）和式（8.15）来说，Monte-Carlo 方法就是在各随机变量 A，B，T_s 和为已知的确定分布下，产生随机数进行模拟统计，得出力学性能参数 $E(t)$ 的统计结果，确定出 $E(t)$ 的概率分布。上述各随机变量已分析了它们的概率分布函数形式，还需要知道它们的特征参数值（均值、方差）才能进行 Monte-Carlo 模拟计算。

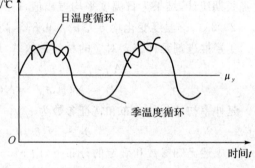

图 8-7　温度模型图

8.3.2　Monte-Carlo 统计模拟

由于把式（8.14）和式（8.15）中的参数 A，B 和 T 均看作随机变量，因而 $E(t)$ 是诸随机变量构成的随机变量函数。所谓仿真计算，就是在诸随机变量已确定的情况下，求出 $E(t)$ 这个随机变量的概率分布函数，从而求得可靠性及可靠寿命。目前，求 $E(t)$ 的概率分布函数比较实用的方法是 Monte-Carlo 法。

Monte-Carlo 法也称随机模拟法，是用计算机进行大量抽样模拟统计的方法，具有模拟随机现象的特点。这种方法所统计的随机数量范围变动很大，简单的问题要几千个，复杂的问题可能达到数十万个以上，因此仿真性较好。在电子计算机兴起之前，由于计算量较大，这种方

法很难实现。在电子计算机已普遍应用的今天,这种复杂的计算已变得容易实现了。目前,Monte-Carlo 方法已开始进入各个领域,日益为人们所重视。

用 Monte-Carlo 方法求力学性能现状值 $E(t)$ 的分布函数时,先取定时间 t 值,然后分别对随机参量 A,B 和 T_s 产生均匀分布随机数值,再按已知的均值和方差变换成正态分布的 A,B,并按均方差把 T_s 变换成瑞利分布的随机数值。然后把 T_s 随机数值代入式(8.16)算出 T 值,再把 T,A,B 代入式(8.14)算出 $K(T)$ 值,把 $K(T)$ 和值代入式(8.15)算出 $E(t)$ 值,这样就完成了一次随机抽样计算,算出一个 $E(t)$ 值。如此对每个取定的时间 t 下进行反复的大量抽样计算,比如抽样 1 000 次,可计算出 1 000 个 $E(t)$ 值,对 1 000 个 $E(t)$ 进行概率分布的总体统计检验,即可获得 $E(t)$ 的概率分布密度函数。

获得 $E(t)$ 的概率密度分布函数 $f_t(E)$ 后,其可靠度可积分 $f_t(E)$ 求得:

$$R(E) = \int_{E_{cr}}^{+\infty} f_t(E) \mathrm{d}E \tag{8.20}$$

式中,E_{cr} 为力学性能所允许的临界值。

可靠度是随贮存时间的延长而下降的。可靠寿命即是当取定可靠度数值后对应的贮存时间,一般记为 t_R。

8.3.3 算例

美国某固体型号导弹使用丁羟推进剂,在阿肯色州小石城空军基地贮存使用。当地的温度经长期统计,结果为日温度平均振幅值 $A_d = 10℃$,季温度平均振幅值 $A_s = 14℃$,年平均温度 $\mu_y = 23.3℃$,季温度变化均方差 $\sigma_s = 9.8℃$,高斯过程温度变化的均方差 $\sigma = 11℃$。

丁羟推进剂延伸率 δ 对应的材料常数 A,B 的分布及特征参数为

$$A \sim N(\overline{A}, \sigma_A) = N(1.2 \times 10^6, 0.87 \times 10^6)$$
$$B \sim N(\overline{B}, \sigma_B) = N(5 \times 10^3, 0.42 \times 10^3)$$

延伸率初始值的分布和特征参数为

$$\delta_0 \sim N(\overline{\delta_0}, \sigma_s) = N(0.45, 0.33)$$

在上述已知参数和确定的分布下,用 Monte-Carlo 方法求贮存 15 年后的可靠度,并求出在给定可靠度 $R = 0.995$ 的情况下的可靠寿命(延伸率的临界允许值 $\delta_{cr} = 30\%$)。

解 把式(8.15)中的力学参量符号 $E_0, E(t)$ 换成延伸率符号 $\delta_0, \delta(t)$;将上述各已知参数按照计算机程序进行计算。即可得到在取定 $t = 15$ 年的情况下的延伸率 $\delta(t)$ 的分布函数。计算结果,其分布函数为威布尔分布,位置参数 $r = 0$,形状参数 $\beta = 3.4$,尺度参数 $\alpha = 0.81$。其可靠度函数为

$$R(\delta) = \exp\left[-\left(\frac{\delta^\beta}{\alpha}\right)\right] = \exp\left[-\left(\frac{\delta^{3.4}}{0.81}\right)\right] \tag{8.21}$$

对应 15 年贮存期并临界值 $\delta_{cr} = 30\%$ 时,可靠度为

$$R(\delta_{cr}) = \exp\left[-\left(\frac{0.3^{3.4}}{0.81}\right)\right] = 0.979\ 6$$

$\delta(t)$ 的均值 $\overline{\delta}(t)$ 随时间 t 的对数 $\lg t$ 呈直线下降,并满足下式:

$$\overline{\delta}(t) = \mu_\delta[1 - \overline{K(T)} \lg t] \tag{8.22}$$

式中,$\overline{\delta}(t), \mu(\delta), \overline{K(T)}$ 分别为随机变量 $\delta(t), \delta_0$ 和 $K(T)$ 的均值。

$\delta(t)$ 的均方差随时间 t 的递增而递增,其计算公式的推导相当复杂,但可用公式

$$\delta_\delta = \sqrt{\delta_{\delta_0}^2 + (\delta_K \delta_{\delta_0} \lg t)^2} \tag{8.23}$$

进行近似估算,误差在 5% 以内。式中,δ_δ,δ_{δ_0},δ_K 分别为 $\delta(t)$,δ_0,$K(T)$ 的均方差。

本例计算表明,当给定 15 年贮存期时,其可靠度为 0.979 6;当给定可靠度为 0.995 时,其可靠寿命为 5.67 年。

8.4　橡胶密封结构贮存可靠性仿真计算

有机合成高分子材料在长期贮存过程中,受环境因素的影响将引起物理性能、力学性能的不可逆变化,致使失去其工作能力。橡胶密封件的失效过程往往涉及多因素效应交互作用的复杂情况,其机制成因纷纭复杂,欲寻求其主要因素,应采取措施,强化薄弱环节以提高其可靠寿命,一般不易构造出数学模型。即使构造出了数学模型也难以求解,特别是在伴有随机因素时更难以做到。对此类问题,采用 Monte-Carlo 方法进行模拟计算较为有效,而且简便易行,并能计算出材料的可靠性寿命及其可靠度随贮存时间的演变过程。

Monte-Carlo 法又称统计模拟法,它是抓住事物运动的数字特征,用数学方法分析材料随时间变化的全过程。由于现代电子计算机的应用,这种方法已被作为一种独立的方法受到重视。近年来,它在许多工程技术和生产管理方面得到应用。

前面已谈过,橡胶皮碗的老化动力学曲线随时间的变化呈下述指数关系:

$$\varepsilon = Kt^C \tag{8.24}$$

式中,K 为老化速率,它服从阿列尼乌斯方程所表达的反应论数学模型,即

$$K = Ae^{-\Delta E/(RT)} = Ae^{-B/T} \tag{8.25}$$

式中　A——反应频数因子;

　　ΔE——激活能;

　　T——环境绝对温度;

　　B——$B = \Delta E/R$。

式(8.25)是 19 世纪阿列尼乌斯从随机参数的经验统计中总结出的公式,公式本身具有随机统计特性。因此,概率统计理论运用于反应论模型是合情理的,本节内容就是用 Monte-Carlo 方法对反应论模型过程进行随机模拟统计。

8.4.1　反应论模型诸参数的随机分析

目前,反应论模型已经应用很广,几乎所有的非金属材料的老化过程都用它来表达。但长期以来,人们运用反应论模型时,都把各参量视为常数。本来,阿列尼乌斯方程是在大量统计数据的基础上得出的经验公式,公式中的参量具有随机性质。但在应用这一公式时,把参量视为常数,失去了原来的统计性质,导致了计算误差,而且计算出的贮存寿命不能反映可靠度的变化。如果把阿列尼乌斯方程中的参量视作随机变量,把计算贮存寿命过程用统计概率来处理,这样就使计算结果具有了仿真性质。

式(8.25)中的温度 T 是随机变量,而且具有较强的随机特性。对自然环境温度来说已假设出了模型:在某个地域的温度变化模型如图 8 - 7 所示,而温度变化规律为式(8.16)和式(8.14),这些公式前面已经分析过。

对实际材料而言,式(8.24)中的C和式(8.25)中A,B值是经过试验统计而获得的,以往人们把它们视为常数,只是取其试验统计均值而已。它们或经过实际环境试验得到,或经加速试验得到,但无论哪种方法获得它们都有一定的散布,因此,它们也都是随机量。也就是说,在同种材料的各次试验中,每次所得到的C,A,B值不会是相同的,有的可能大一点,有的可能小一点,大一点的值或小一点的值都是按概率分布出现的,是随机变量。既然是随机变量,就只有用概率分布表达才合理。一般来说,这种靠试验统计的量,常常具有对称的偏差值,如$A\pm\Delta A$,$B\pm\Delta B$,$C\pm\Delta C$,具有对称偏差的统计量,一般取为正态分布。它们的均值记为μ_A,μ_B,μ_C,它们的均方差按3σ准则为$\sigma_A=\dfrac{\Delta A}{3}$,$\sigma_B=\dfrac{\Delta B}{3}$,$\sigma_C=\dfrac{\Delta C}{3}$。因此有

$$\left.\begin{array}{c} A\sim N(\mu_A,\sigma_A^2)\\ B\sim N(\mu_B,\sigma_B^2)\\ C\sim N(\mu_C,\sigma_C^2) \end{array}\right\} \tag{8.26}$$

由于有的橡胶材料的A,B,C的偏差值较小,所以在简便的 Monte-Carlo 计算中,亦可把A,B,C视为常数输入,即σ_A,σ_B,σ_C按零对待。实际计算结果表明,式(8.24)、式(8.25)主要受温度这个随机量影响较大,而受A,B,C随机影响较小,故把A,B,C视为常数也是允许的。

8.4.2　橡胶密封件可靠性寿命的仿真计算

数字仿真计算常用的理论基础是 Monte-Carlo 法。这种方法是数学统计模拟法,具有模拟随机现象的特点。

本书对密封橡胶皮碗的贮存老化可靠性寿命进行仿真模拟计算,以阐明 Monte-Carlo 方法在反应论模型上的应用过程。

对于式(8.24)、式(8.25)来说,Monte-Carlo 仿真模拟就是在已知各随机变量T_s,A,B,C的确定分布函数下,按照 Monte-Carlo 的抽样方法产生很多的随机样本值,对样本值进行模拟统计,得出ε随时间的统计变化规律,确定出ε的概率分布函数随时间的变化。

式(8.24)、式(8.25)中的各参量除t外都是随机变量,因而ε是各随机变量的函数,它本身当然也是随机变量,并且有确定的分布和特征值。用 Monte-Carlo 计算ε的分布函数的过程:先取定t值,然后按蒙特卡罗抽样理论分别对随机量A,B,C,T_s产生一个均匀分布的随机数,记为$\breve{A}$,$\breve{B}$,$\breve{C}$,$\breve{T}_s$;再按已知的均值和方差,把$\breve{A}$,$\breve{B}$,$\breve{C}$转换成正态分布随机数,记为$\hat{A}$,$\hat{B}$,$\hat{C}$,把$\breve{T}_s$按方差σ转换为瑞利分布随机数,记为$\hat{T}_s$;然后把$\hat{T}_s$代入式(8.16)算出T值,再把T,$\hat{A}$,$\hat{B}$代入式(8.25)算出K值,把K,$\hat{C}$代入式(8.24)算出ε值。这样就完成了一次抽样计算,得到一个ε值。对此对每一个取定的t值进行大量抽样(例如抽样 1 000 次),做循环计算,可得到 1 000 个ε值,对 1 000 个ε值进行概率统计总体分布检验,即可获得ε的概率分布函数。计算框图如图 8-9 所示。

例 8.1　我国在某地域贮存橡胶密封件,该地区的温度经多年统计得出的统计值为日温度平均幅值$A_d=10℃$,季温度平均幅值$A_s=14℃$,年温度平均值为$\mu_y=23.3℃$,季温度变化标准差$\sigma=11℃$。已知 8101 橡胶的阿列尼乌斯方程的参数的均值、标准差为$\mu_A=7.718\ 68\times10^{13}$,$\sigma_A=2.623\ 7\times10^{13}$,$\mu_B=13\ 817.585$,$\sigma_B=1\ 064.926$。该橡胶动力曲线公式中$C$的均值、标准差为$\mu_C=0.285$,$\sigma_C=0.018$。已知密封构件的积累变形的临界允许值$\varepsilon_C=85\%$,试计算该

橡胶密封件在贮存 15 年后的可靠度。

解　计算过程为先取定 $t=15$ 年。然后用 Monte-Carlo 抽样方法,用公式计算或查表,对 A,B,C,T_s 各产生一个均匀分布随机数 $\tilde{A},\tilde{B},\tilde{C},\tilde{T}_s$;再按正态分布和题目给定的值,转换成正态分布的随机数 $\hat{A},\hat{B},\hat{C}$,和按给定的 σ 值把 T_s 转换成瑞利分布随机数 $\tilde{T}_s$。

把取得的 $\tilde{T}_s$ 代入式(8.16)中计算出 T 值,把 T 值和 $\hat{A},\hat{B}$ 代入式(8.25)中计算出值,把 $K,\hat{C}$ 值代入式(8.24)中计算出一个 ε 值。如此循环抽样 1 000 次,得到 1 000 个 ε 值,对 1 000 个 ε 进行概率总体分布统计检验,即得到 ε 的分布函数。

总体分布的检验结果,ε 符合威布尔分布,在取定的 $t=15$ 年时,其位置参数 $\gamma=0$,形状参数 $m=2.25$,尺度参数 $t_0=40.5$,因此其可靠度函数为

$$R(\varepsilon)=\exp\left[-\left(\frac{\varepsilon^m}{t_0}\right)\right]=\exp\left[-\frac{\varepsilon^{2.25}}{40.5}\right] \tag{8.27}$$

式(8.27)即为橡胶密封皮碗残余变形可靠性的数学模型。

可靠度随时间的变化过程如图 8-8 所示。图中,ε 的均值 $\bar{\varepsilon}$ 随时间的变化曲线满足下式:

$$\bar{\varepsilon}=\mu_A\exp\left[-\frac{\mu_B}{\mu_A}\right]t^{\mu_C} \tag{8.28}$$

ε 的标准差 σ_ε 随时间的增大而增大,难以求出其解析解表达式,只能在 Monte-Carlo 模拟统计运算中每取定一个时间 t 值,得到一组威布尔分布的参数 t_0,m 值,由 t_0,m 求得其方差为

$$\sigma_\varepsilon^2=t_0^{\frac{2}{m}}\left[\varGamma\left(1+\frac{2}{m}\right)-\varGamma^2\left(1+\frac{1}{m}\right)\right] \tag{8.29}$$

式中,符号 $\varGamma$ 表示伽马函数。

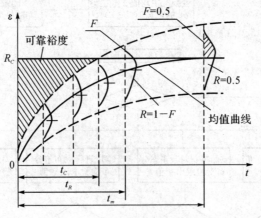

图 8-8　可靠度随时间的变化过程

本例计算表明,在规定的 $\varepsilon_C=85\%$ 情况下,贮存 15 年的可靠度为 $R=0.983$。

当规定其可靠度 $R=0.99$ 时,求其对应的可靠寿命,则可求得 $t_R=14.32$ 年。就是说,当要求可靠度不低于 0.99 时,只能贮存到 14.32 年。

由图 8-8 还可以看出,当贮存时间小于 t_C 时,可靠度为 1,并有可靠度裕度,即有可靠性贮备;当大于 t_C 时,即出现老化失效概率 F,即可靠度开始小于 1,并随着时间的延长,老化失效概率逐渐增大,可靠度逐渐减小;当到达均值寿命 t_m(约 20 年)时,则可靠度只有 0.5 了。

Monte-Carlo 方法同常规方法相比较,不仅可算出均值寿命 t_m,还可算出可靠度及可靠寿命随时间的变化过程。另外,Monte-Carlo 方法的抽样计算过程已有固定程序可采用。因此,在计算中比较容易实现,计算流程如图 8－9 所示。

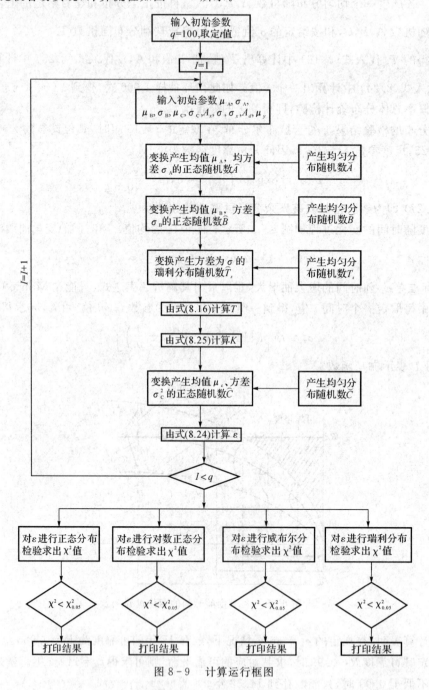

图 8－9　计算运行框图

参 考 文 献

[1] 盐见弘.失效物理基础[M].杨家铿,江擎孚,关成勋,译.北京:科学出版社,1982.

[2] 高光渤,李学信.半导体器件可靠性物理[M].北京:科学出版社,1987.

[3] McPherson J W.可靠性物理与工程——失效时间模型[M].秦飞,安彤,等,译.北京:科学出版社,2013.

[4] 龙兵,常新龙,刘万雷,等.HTPB 推进剂低温断裂性能试验研究[J].推进技术,2014(9):1.

[5] 常新龙,赖建伟,张晓军,等.HTPB 推进剂高应变率黏弹性本构模型研究[J].推进技术,2014(1):123-127.

[6] 龙兵,常新龙,方鹏亚,等.含裂纹固体推进剂试件抗拉强度的预估[J].火炸药学报,2014(2):65-68.

[7] 张晓军,常新龙,赖建伟,等.HTPB 推进剂低温拉伸/压缩力学性能对比[J].固体火箭技术,2013(6):771-774.

[8] 张晓军,常新龙,张世英,等.氟橡胶密封材料的湿热老化机制[J].润滑与密封,2013(5):38-40,45.

[9] 张晓军,常新龙.固体火箭发动机粘接界面湿热老化实验[J].推进技术,2013(4):557-561.

[10] 张晓军,常新龙,陈顺祥,等.固体火箭发动机粘接界面湿热老化与寿命评估[J].固体火箭技术,2013(1):27-31.

[11] 刘万雷,常新龙,张有宏,等.铝合金应力腐蚀机理及研究方法[J].腐蚀科学与防护技术,2013(1):71-73.

[12] 常新龙,龙兵,胡宽,等.固体推进剂断裂性能研究进展[J].火炸药学报,2013(3):6-13.

[13] 常新龙,刘万雷,赖建伟,等.LD10 铝合金应力腐蚀性能的研究[J].中国腐蚀与防护学报,2013(4):347-350.

[14] 张晓军,常新龙,陈顺祥,等.氟橡胶密封材料热氧老化试验与寿命评估[J].装备环境工程,2012(4):35-38.

[15] 常新龙,姜帆.高温、湿热环境下氟橡胶密封圈失效研究[J].装备环境工程,2012(1):23-25,38.

[16] 赖建伟,常新龙,龙兵,等.HTPB 推进剂的低温力学性能[J].火炸药学报,2012(3):80-83.

[17] 常新龙,方鹏亚,简斌,等.药柱结构非概率可靠性分析的响应面法[J].固体火箭技术,2012(2):177-182.

[18] 常新龙,刘万雷,程建良,等.固体火箭发动机密封件湿热老化性能研究[J].弹箭与制导学报,2012(4):222-224.

[19] 赖建伟,常新龙,龙兵,等.低温和应变率对 HTPB 推进剂压缩力学性能影响[J].固体火箭技术,2012(6):792-794,798.

[20] 常新龙,余堰峰,张有宏,等.HTPB 推进剂老化断裂性能试验[J].推进技术,2011(4):564-568.

[21] 常新龙,姜帆,惠亚军.导弹橡胶密封件环境失效研究[J].装备环境工程,2011(4):59-62,93.

[22] 简斌,常新龙,张晓军.基于大应变黏弹性理论的药柱结构可靠性分析[J].上海航天,2011(1):46-49,55.

[23] 胡宽,常新龙,杨海生.推进剂贮存容器 J 积分安全评定与寿命预测[J].机械设计与研究,2010(1):15-18.

[24] 张磊,常新龙,赖建伟.基于湿热加速老化试验的 HTPB 固体推进剂寿命预估[J].弹箭与制导学报,2010(1):148-150.

[25] 常新龙,简斌,李俊,等.高低温循环下 HTPB 推进剂力学性能规律研究[J].弹箭与制导学报,2010(4):117-118,122.

[26] 常新龙,简斌,赖建伟,等.HTPB 推进剂湿热老化规律及损伤模式实验[J].推进技术,2010(3):351-355.

[27] 常新龙,赖建伟,王若雨,等.湿热环境下 HTPB 推进剂的吸湿性能[J].火炸药学报,2010(3):76-79.

[28] 常新龙,龙兵.固体火箭发动机高原荒漠环境适应性分析[J].装备环境工程,2010(5):73-76.

[29] 祝耀昌,常文君,傅耘.武器装备环境适应性和环境工程[J].装备环境工程,2005,2(1):14-19.

[30] 宣卫芳,杨晓然.国内外军工材料环境实验现状及发展趋势[J].装备环境工程,2004(8):16-23.

[31] 常新龙,简斌,刘承武,等.HTPB 推进剂定应变老化性能实验[J].推进技术,2010(5):576-580.

[32] 常新龙,余堰峰,张有宏,等.基于有限元理论的 HTPB 推进剂 I 型裂纹 J 积分数值模拟[J].火炸药学报,2010(5):60-64.

[33] 常新龙,余堰峰,张有宏,等.基于湿热老化试验的 NEPE 推进剂贮存寿命预估[J].上海航天,2010(6):57-60.

[34] 胡宽,宋笔锋,张琳,等.基于加速老化试验的橡胶贮存寿命预测[J].理化检验:物理分册,2008(1):17-20.

[35] 张骁勇,王荣.材料的断裂与控制[M].西安:西北工业大学出版社,2012.

[36] 褚武扬.断裂力学基础[M].北京:科学出版社,1979.

[37] 程靳,赵树山.断裂力学[M].北京:科学出版社,2013.

[38] 褚武扬,乔利杰,陈奇志,等.断裂与环境断裂[M].北京:科学出版社,2008.

[39] 张有宏,吕国志,常新龙,等.腐蚀疲劳裂纹的虚拟扩展方法研究[J].腐蚀科学与防护技术,2008(4):247-249.

[40] 张有宏,常新龙,张世英,等.典型腐蚀损伤形态对结构材料性能的影响[J].腐蚀与防

护,2008(12):730 – 732.

[41] 张有宏,吕国志,常新龙,等.预腐蚀温度对铝合金 LY12CZ 腐蚀损伤及疲劳性能的影响[J].腐蚀科学与防护技术,2008(4):250 – 252.

[42] 李筱玲,常新龙,杜海霞.导弹贮箱的剩余寿命分析[J].弹箭与制导学报,2007(1):324 – 325.

[43] 刘国庆,常新龙,张晓军.导弹推进剂贮箱结构强度及剩余寿命实验研究[J].宇航材料工艺,2007(2):70 – 72.

[44] 吕胜利,张有宏,吕国志.铝合金结构腐蚀损伤研究与评价[M].西安:西北工业大学出版社,2009.

[45] 刘道新.材料的腐蚀与防护[M].西安:西北工业大学出版社,2006.

[46] 张有宏,常新龙,张世英,等.铝合金结构腐蚀损伤性能评价指标[J].试验技术与试验机,2007(4):5 – 7,20.

[47] 熊俊江.飞行器结构疲劳与寿命设计[M].北京:北京航空航天大学出版社,2004.

[48] 杨海生,常新龙.LD10 铝合金疲劳裂纹扩展速率的研究[J].航天制造技术,2005(1):12 – 15.

[49] 杨海生,常新龙.LD10 铝合金疲劳裂纹扩展速率的研究[J].理化检验:物理分册,2005(7):333 – 335.

[50] 杨海生,常新龙.用三点弯曲试样测定 LD10 铝合金断裂韧度 J_{IC}[J].理化检验:物理分册,2005(5):226 – 229.